Johannes Gehrenkemper:
Rañas und Reliefgenerationen der Montes de Toledo
in Zentralspanien

BERLINER GEOGRAPHISCHE ABHANDLUNGEN

Herausgegeben von Gerhard Stäblein und Wilhelm Wöhlke

Schriftleitung: Dieter Jäkel

Heft 29

Johannes Gehrenkemper

Rañas und Reliefgenerationen der Montes de Toledo in Zentralspanien

68 Abbildungen, 3 Tabellen, 32 Photos, 2 Karten

1978

Im Selbstverlag des Institutes für Physische Geographie der Freien Universität Berlin
ISBN 3-88009-028-9

VORWORT

Die vorliegende Arbeit wurde von Herrn Prof. Dr. G. STÄBLEIN angeregt, der bei seinen Untersuchungen im Kastilischen Scheidegebirge die geomorphologischen Probleme der Reliefentwicklung und der Raña-Genese im Gebiet der Montes de Toledo erkannte. Ihm gilt mein besonderer Dank für die Förderung und das stete Interesse am Fortgang meiner Arbeit. Besonders während der gemeinsamen Tage im Gelände habe ich zahlreiche Anregungen und Hinweise erhalten.

Die Untersuchungen wurden während mehrerer Geländeaufenthalte im Frühjahr und Sommer 1975, im Februar und März 1976 und im Frühjahr und Sommer 1977 durchgeführt.

Dankbar bin ich für die Aufgeschlossenheit und Hilfsbereitschaft Vieler bei spanischen Behörden und in der Universität Madrid. Stellvertretend sei hier Herr Dr. E. MOLINA BALLESTEROS genannt, der mich über den Stand der spanischen Forschung zu diesem Problem informierte und bei der Literatursuche unterstützte.

Bei der Auswertung der Ergebnisse war es nötig, auf die Erfahrung und die Geräte einiger Nachbardisziplinen zurückzugreifen.

Für die Einführung in die Arbeitstechnik der Refraktionsseismik und die Beratung bei der Auswertung der Meßergebnisse danke ich Herrn Prof. Dr. P. GIESE vom Institut für Geophysikalische Wissenschaften der FU Berlin. Herr Dr. H. LANGE vom Geologisch-Paläontologischen Institut der Universität Kiel stellte den größten Teil der Röntgendiagramme her. Bei der Interpretation der Interferenz Kurven und bei den polarisationsoptischen Dünnschliffanalysen war mir Herr Dipl. Min. U. HEIN vom Institut für Angewandte Geologie der FU Berlin behilflich. Ihnen beiden gilt mein Dank.

Bei den Programmierarbeiten für die statistische Auswertung des Datenmaterials hat mich Herr Dipl. Ing. H. PETZOLD unterstützt.

Die Reinzeichnung der Karten und Profile übernahmen dankenswerterweise Herr Ing. grad. J. SCHULZ und Herr R. WILLING.

Mein besonderer Dank gilt meiner Frau, die durch viele Diskussionen, Hilfe bei der Literaturarbeit und tatkräftige Unterstützung bei den Messungen im Gelände zum Gelingen der Arbeit beitrug.

In Dankbarkeit gedenke ich meiner Eltern, die mir das Studium und damit auch diese Arbeit ermöglichten. Die Feldarbeit in Spanien wurde gefördert durch einen Reisekostenzuschuß aus Mitteln des Fachbereichs 24 der FU Berlin. Mein Dank gilt auch meinen Schwiegereltern für ihr förderndes Interesse und ihre großzügige Unterstützung.

Den Mitarbeitern des Instituts für Physische Geographie der FU Berlin danke ich für viele Hinweise und Anregungen.

Berlin, im Mai 1978

INHALTSVERZEICHNIS

1.	EINLEITUNG	6
1.1	Allgemeine Problemstellung	6
1.2	Forschungsstand	6
1.3	Gang der Untersuchung	7
2.	GEOMORPHOGRAPHIE DER ARBEITSGEBIETE	9
2.1	Abgrenzung der Arbeitsgebiete	9
2.2	Die rezenten klimatischen Bedingungen in den Montes de Toledo	13
2.3	Die Formengesellschaft südlich der Sierra de Guadalupe	14
2.3.1	Die geologischen Verhältnisse	14
2.3.2	Die Talsysteme und Terrassen	15
2.3.2.1	Der Rio Ruecas	16
2.3.2.2	Der Rio Guadalupejo und Rio Silvadillo	17
2.3.3	Die Morphologie der Rañas südlich der Sierra de Guadalupe	20
2.4	Der Formenschatz im Bereich des Tajo südlich Talavera de la Reina	25
2.4.1	Die geologischen Verhältnisse	25
2.4.2	Talsysteme und Terrassen	27
2.4.2.1	Der Rio Tajo	27
2.4.2.2	Der Rio Sangrera	30
2.4.2.3	Der Rio Pusa	31
2.4.3	Die Morphologie der Rañas bei Talavera de la Reina	32
3.	GEOMORPHOANALYSE DER SEDIMENTE	34
3.1	Aufbau und Zusammensetzung der Terrassensedimente	34
3.1.1	Die Analyse der Terrassenschotter	34
3.1.2	Die Situmetrie der Terrassenschotter	35
3.2	Aufbau und Zusammensetzung der Rañas	37
3.2.1	Die Analyse der Raña-Matrix	39
3.2.2	Die Situmetrie der Raña-Fanger	42
3.2.3	Die Mächtigkeit des Raña-Sediments und die Präraña-Landschaft	44
3.3	Die Morphometrie der Grobsedimente	48
3.4	Vergleich der Tonmineralgesellschaften in den Rañas und den Terrassen	54
4.	GEOMORPHOGENESE DER RELIEFGENERATIONEN	57
4.1	Die Prä-Raña-Landschaft und ihre Stellung zu den älteren Reliefgenerationen	57
4.2	Die Morphogenese der Raña-Landschaft	62
4.3	Die Morphogenese der Terrassen	63
5.	ZUSAMMENFASSUNG	65
6.	METHODEN – ANHANG	69
6.1	Luftbildanalyse und Höhenmessungen	69
6.2	Grobsedimentanalyse	70
6.3	Korngrößenanalyse	70
6.4	Tonmineralanalyse	70
6.5	Statistische Analyse	71
6.6	Refraktionsseismik	72
6.7	Mikromorphologie	73
7.	LITERATURVERZEICHNIS	74
7.1	Kartenverzeichnis	77
7.2	Abbildungsverzeichnis	78
7.3	Tabelle der analysierten Proben	80
8.	ANHANG	
	Photos	
	Beilagen	

1. EINLEITUNG

1.1 Allgemeine Problemstellung

Ziel dieser Arbeit ist die analytische Erforschung der Reliefgenese aus der Analyse der Reliefelemente am Beispiel zweier ausgewählter Regionen in Zentralspanien. Im Vordergrund stehen dabei die Untersuchungen der effektiven Prozesse, die die Gestalt, die Struktur und die Gliederung des Reliefs beeinflussen. Dieses geomorphologische Prozeßgefüge ist, wie für Zentralspanien mit dieser Arbeit nachgewiesen wird und worauf grundsätzlich PASSARGE (1912) und vor allem BÜDEL (1935, 1951, 1977) mehrfach hingewiesen haben, vom Klima bestimmt und hat daher mit der Änderung der Klimafaktoren im Laufe der jüngeren Erdgeschichte teils unterschiedliche Formen geschaffen oder bestehende charakteristisch überprägt.

Bei dieser Betrachtung soll die heutige Geländegestalt im Bereich der Montes de Toledo als Gesellschaft aus verschiedenen Reliefgenerationen (BÜDEL 1971) interpretiert werden. Als Reliefgenerationen werden dabei alle Formen zusammengefaßt, die durch einen durch gleichartige klimatische Verhältnisse bestimmten Komplex des geomorphologischen Bildungsmechanismus entstanden sind.

Für die Mittelbreiten wurde diese **zeitliche Variation im Formbildungskomplex** der Verwitterung, der Bodenbildung, der breitenhaften und flächenhaften Denudation und der verschiedenen Typen der Transport- und Erosionsleistung der Flüsse durch BÜDEL (1937, 1944, 1951), STÄBLEIN (1968), MÜLLER (1973), BIBUS (1971), ANDRES (1967) u. a. nachgewiesen.

Für die Gebiete der Subtropen kommt den Flächen am Fuß der Gebirge eine zentrale Bedeutung für die zeitliche und klimagenetische Einordnung der Reliefelemente zu (MENSCHING 1958; BÜDEL 1970; SEUFFERT 1970; STÄBLEIN 1973; WEISE 1974 u. a.). Es wird neben der Untersuchung älterer Formungsphasen auch der Frage Beachtung geschenkt, inwieweit die **Gebirgsfußflächen** in ihren unterschiedlichen Ausprägungen und Bildungsbedingungen zonal typische Leitformen darstellen. Besonders ihre Reliefentwicklung durch die pleistozänen Klimaschwankungen, die uns aus den Mittelbreiten als Kaltzeiten (BÜDEL 1944) bekannt sind, und die man für den Mediterranraum als „Pluviale" annimmt (BÜDEL 1951b, 1953; GLADFELTER 1971; SCHWENZNER 1937; ZEUNER 1953 u. a.), soll verdeutlicht werden.

Eine Schlüsselstellung nehmen dabei die Rañas ein. Es sind typische Gebirgsrandformationen der Iberischen Halbinsel, die durch ihr morphologisch markantes Aussehen in Erscheinung treten. Diese teils sehr mächtigen Ablagerungen bilden **mesa-artige Verebnungen**, die von tief eingeschnittenen Tälern in einzelne Riedel mit steilen Flanken aufgelöst werden. Sie sind vorwiegend von fanglomeratischen Lockersedimenten aufgebaut – von STÄBLEIN (1968:35) als Fanger bezeichnet –, deren morphogenetische und morphodynamische Einordnung noch in vieler Hinsicht hypothetisch ist (BÜDEL 1977a). Faziell und morphologisch vergleichbare Sedimente und Formen finden sich in den Glacis der Sub- und Ektropen, etwa in Nordafrika (CHADENSON 1952; MENSCHING u. RAYNAL 1954; MENSCHING 1958:176) oder in den Fußflächen auf Sardinien (SEUFFERT 1970), im Oberrheingrabengebiet (BIBUS 1971; STÄBLEIN 1968, 1972b; VOGT 1965) und in den Beckenrandsedimentationen in Iran (BOBEK 1969; BÜDEL 1970). Vergleichbar ist auch die umstrittene Verschüttung im Rheinischen Schiefergebirge (ANDRES 1967; MÜLLER 1973:75; BIRKENHAUER 1970, 1973 u. a.).

Es sollen daher neben der Analyse der Reliefformen und den Auswirkungen der quartären Klimaschwankungen auf die endogenen Rohformen bzw. die Vorzeitformen besonders folgende geomorphodynamische Fragen erörtert werden:

– Welcher Prozeß führt zum Transport und zur Ablagerung des Rañasediments?
– Welcher Prozeß bewirkte die Bildung der Flächen?
– Unter welchen endogenen und exogenen Bedingungen war diese Morphodynamik möglich?
– Wie lassen sich die Rañas stratigraphisch einordnen?

1.2 Forschungsstand

Die Montes de Toledo gehören nach dem Stand der geographischen Literatur zu dem noch wenig bearbeiteten Spanien, was eine gründliche, selbständige geomorphologische Feldarbeit nowendig machte. Auch die vorliegenden geologischen Einzelstudien, die teilweise schon sehr früh veröffentlicht wurden (HERNANDEZ-PACHECO, E. 1912 und GOMEZ DE LLARENA 1916) gehen verständlicherweise noch nicht von den hier aufgeworfenen Fragestellungen aus.

In neuerer Zeit wurden einige detaillierte Arbeiten über die Geologie in diesem Raum vorgenommen, so von RAMIREZ, E. (1952, 1955) und SOS BAYANT (1957), deren Ergebnisse in den Erläuterungen zu den geologischen Karten 1:200 000 ‚Talavera de la Reina', Blatt Nr. 52 und ‚Villanueva de la Serena', Blatt Nr. 60 zusammengefaßt sind.

Für die nordöstlichen Montes de Toledo liegen zwei Untersuchungen über die Stratigraphie und Tektonik von MERTEN (1955) und WEGGEN (1955) vor. Stellenweise sind auch die tertiären Sedimente, die im Vorland der Montes de Toledo großes Ausmaß erreichen, von spanischen Geologen untersucht worden.

Im Einzugsgebiet des Tajo haben ESCORZA & ENRILE (1972) die Stratigraphie des Tertiärs im ‚Tajograben' beschrieben und den Zusammenhang ihrer Genese mit der alpidischen Orogenese erläutert.

Speziell die Rañas mit ihren ausgedehnten, tischebenen Formen weckten schon sehr früh das Interesse der spanischen Geologen. GOMEZ DE LLARENA (1916) war der erste, der den Versuch unternommen hat, diese Formen abzugrenzen und sie genetisch und zeitlich einzuordnen. Er datierte die Ablagerung und den Transportprozeß in eine frühe Phase des Quartärs, in der starke Niederschläge die Quarzitmassen wegschwemmten, die gleichzeitig im Gebirge aufbereitet worden sein sollten.

PENCK (1894) bezeichnet die flachen Kegel der Sierren Guadrama und Gredos und südlich des kantabrischen Gebirges als „Diluvialgebilde" und nimmt somit die gleiche zeitliche Genese an (PENCK 1894: 132).

OEHME (1936, 1942) gibt als erster Deutscher eine umfassende Beschreibung der Rañas in der mittleren Extremadura. Er vertritt die Theroie, daß es sich zwar während der Rañabildung um ein ‚regenreiches' Klima gehandelt haben muß, daß jedoch vor allem episodisch anfallende Wassermassen für die Ablagerung dieses mächtigen Sedimentpaketes von Bedeutung gewesen sind. Auslösendes Moment für die Bildung der Rañas ist für ihn die tektonische Bewegung der **Aufwölbung** der Sierra de Guadalupe (OEHME 1942:94), die in einer Zeit mit **Schichtfluten** erfolgt sein soll. Eine genaue zeitliche Datierung gibt OEHME nicht. Er schließt eine quartäre Entstehung aus und vermutet eher eine miozäne Bildung (OEHME 1936:35).

In der Nähe von Toledo hat VIDAL BOX (1944) bei seinen Studien über die Meseta von Toledo auch versucht, die Rañas zu analysieren. Er postuliert für die Aufbereitung der Quarzitmassen ein **wüstenartiges Klima**, über ihren Transport macht er keine genaueren Angaben, er vergleicht sie mit den rezenten ‚rag' der Sahara und nimmt für Zentralspanien eine entsprechende Klimaphase im Miozän und Pliozän an (VIDAL BOX 1944:106). Auch HERNANDEZ-PACHECO, F. (1949) vertritt in seinem Vortrag über die Rañas in der Extremadura die Auffassung eines pliozänen Bildungsprozesses. Dem steht die Meinung von SOS BAYANT (1957) gegenüber, der die Rañas für ein **Flußsediment** des mittleren Tertiärs hält.

Auch in neueren Arbeiten aus den Nachbarregionen ist der Prozeß der Raña-Entstehung und -Datierung weiterhin umstritten. So erwähnt YAGUE (1971:374), daß sich diese Ablagerungen unter **extrem kontinentalen pliozänen Klimaten** gebildet haben. ESCORZA & ENRILE (1972:189), die sich mit der Geologie des Tertiärs im Bereich des Tajograbens befaßt haben, halten die Rañas für pliozäne Bildungen, jedoch ohne nähere Begründung oder Prozeßanalyse.

Auch FISCHER (1974, 1977), der die Rañas im Anchuras- und Bullaquebecken untersucht hat, hält eine Klimaepoche des Pliozäns (Pont und jünger) für die Zeit, in der **Muren und Schlammströme** die Raña-Massen bewegt und abgelagert haben.

MOLINA (1975) kommt aufgrund von Sedimentuntersuchungen und eines Vergleichs mit den Terrassen und den Vulkanausbrüchen im Campo de Calatrava zu der Erkenntnis, daß im Villafranca die Klimabedingungen parallel mit tektonischen Bewegungen des Gebirges die Raña-Entstehung bewirkt haben. Über das dem Untersuchungsgebiet bei Talavera de la Reina angrenzende Gelände erschien 1975 eine Studie über die Rañas im Bereich des Rio Cedena und Rio Torencon von JIMENEZ & AMOR (1975). Sie haben versucht, aus einer quantitativen Analyse und einem Vergleich der Sedimente von Terrassen, Rañas und Hangschutt die Entstehung und zeitliche Einordnung zu klären. Sie vertreten die Auffassung, daß die Rañas quartäre Bildungen und durch **Gelifraktion** aus Quarziten entstanden seien. Ihre Befunde sollen im weiteren noch diskutiert werden.

Es hat sich gezeigt, daß die Rañas in den verschiedenen Teilräumen der Montes de Toledo mit sehr unterschiedlichen Ergebnissen erforscht wurden. Zum größten Teil sind sie im Rahmen von geologisch-geomorphologisch andersartigen als den hier verfolgten Fragestellungen behandelt worden. Erst in Veröffentlichungen der letzten Jahre hat man sich bemüht, aus genaueren Untersuchungen der Sedimente die Dynamik der Aufbereitung und der Ablagerung dieser Fanger zu klären und ihre Einordnung zu bestimmen. Dieser Aspekt soll durch zwei Vergleichsstudien aus zwei Gebieten nördlich und südlich der Montes de Toledo, aus dem Einzugsgebiet des Rio Tajo und des Rio Guadiana, weiterverfolgt werden. Erste Ergebnisse wurden bereits an anderer Stelle mitgeteilt (STÄBLEIN & GEHRENKEMPER 1977). Über ähnliche Untersuchungen haben kürzlich auch WENZENS (1977) und ROMMERSKIRCHEN (1978) berichtet. Die Fußflächenbildung in Abhängigkeit von klimatischen und petrographischen Faktoren, die Genese der Rañas im östlichen Teil der Montes de Toledo und deren Einordnung in jüngere und ältere Reliefgenerationen hat FISCHER (1977) auch in jüngster Zeit für das Gebiet von Toledo vorgenommen.

1.3 Gang der Untersuchung

Die erste Stufe der Untersuchungen war die Geländebegehung und Kartierung der Arbeitsgebiete im Maßstab 1:50000 (Beilagen 1,2). Andere Kartenunterlagen standen nicht zur Verfügung. Da aber die Auflösung dieser topographischen Karten für detaillierte Studien der Meso-Formen von Reliefelementen mit einer Basisbreite von 100m – 10km zu gering ist, war zusätzlich der Einsatz von Luftbildern im Maßstab ca. 1 : 30000 erforderlich. Damit wurden die räumliche Verteilung einzelner Reliefformen erfaßt und erste Anhaltspunkte für die genetische Interpretation gewonnen (z.B. Photo 1–4).

Eine Einordnung morphologisch einheitlicher Reliefelemente zu bestimmten Reliefgenerationen ist durch die Bearbeitung charakteristischer Aufschlüsse und

Bodenprofile vorgenommen worden, die Rückschlüsse auf den Formungsprozeß zulassen. Bedeutsam waren dabei vor allem die Fanger, Schotter, Kiese und Sande, die die Rañas und Terrassenniveaus aufbauen.

Die Lagerungsverhältnisse und petrographischen Zusammensetzungen lieferten ebenfalls wesentliche Gesichtspunkte für die Bildungsdynamik. Die Einregelungsmessungen (Situmetrie) gaben Aufschluß über die Transportart, die Transportrichtung und die Petrographie über die Herkunftsgebiete.

Morphometrische Sedimentanalysen wie etwa die Zurundungsmessung ließen Erklärungen für das transportierende Medium, den Transportweg und die Transportgeschwindigkeit des Transportmediums zu (BIBUS 1971; HERMANN 1971; STÄBLEIN 1968, 1972a u. a.).

Um Einzugsgebiete von Tälern und Flüssen auszugliedern, wurden durch Korngrößenuntersuchungen Materialgleichheiten bzw. -ungleichheiten ermittelt und durch vergleichende statistische Tests abgesichert.

Mit Hilfe der Tonmineralanalyse sind in begrenztem Umfang Hinweise auf die Altersstellung und die klimatischen und sedimentologischen Bedingungen gewonnen worden, die zur Zeit der Tonmineralentstehung geherrscht haben. Probleme bei der Anwendung dieser Methode, wie sie etwa HÜSER (1973) herausstellt, wurden dabei berücksichtigt.

Um die Verwitterung der Quarzite und die Aufbereitung der Rañas zu analysieren, wurden aus dem frischen Gestein und aus orientierten Proben der Matrix Dünnschliffe mikroskopisch untersucht. Für die genetische Deutung ist die Mächtigkeit des Sedimentpaketes und insbesondere die Ausprägung des durch die Sedimente verdeckten Prärañareliefs ein wesentlicher Faktor. Sie ist aber aus den vorhandenen Aufschlüssen nur unzureichend feststellbar, und Bohrungen in den fanglomeratischen Ablagerungen sind nur mit sehr großem Aufwand möglich. Deshalb wurde die Refraktionsseismik als ein geeignetes und aufschlußreiches Hilfsmittel benutzt.

Die durch Kartierung, Sedimentuntersuchungen und Seismik gewonnenen Ergebnisse werden in einer analytischen Beschreibung der Arbeitsgebiete dargestellt (Kap. 2). Danach wird der Versuch unternommen, aus den Sedimentanalysen das prozessuale Gefüge der Entstehung der verschiedenen Reliefgenerationen insbesondere der Rañas synthetisch aufzuzeigen (Kap. 3), um daraus eine chronologische Folge der einzelnen Formungsabschnitte herzuleiten (Kap. 4).

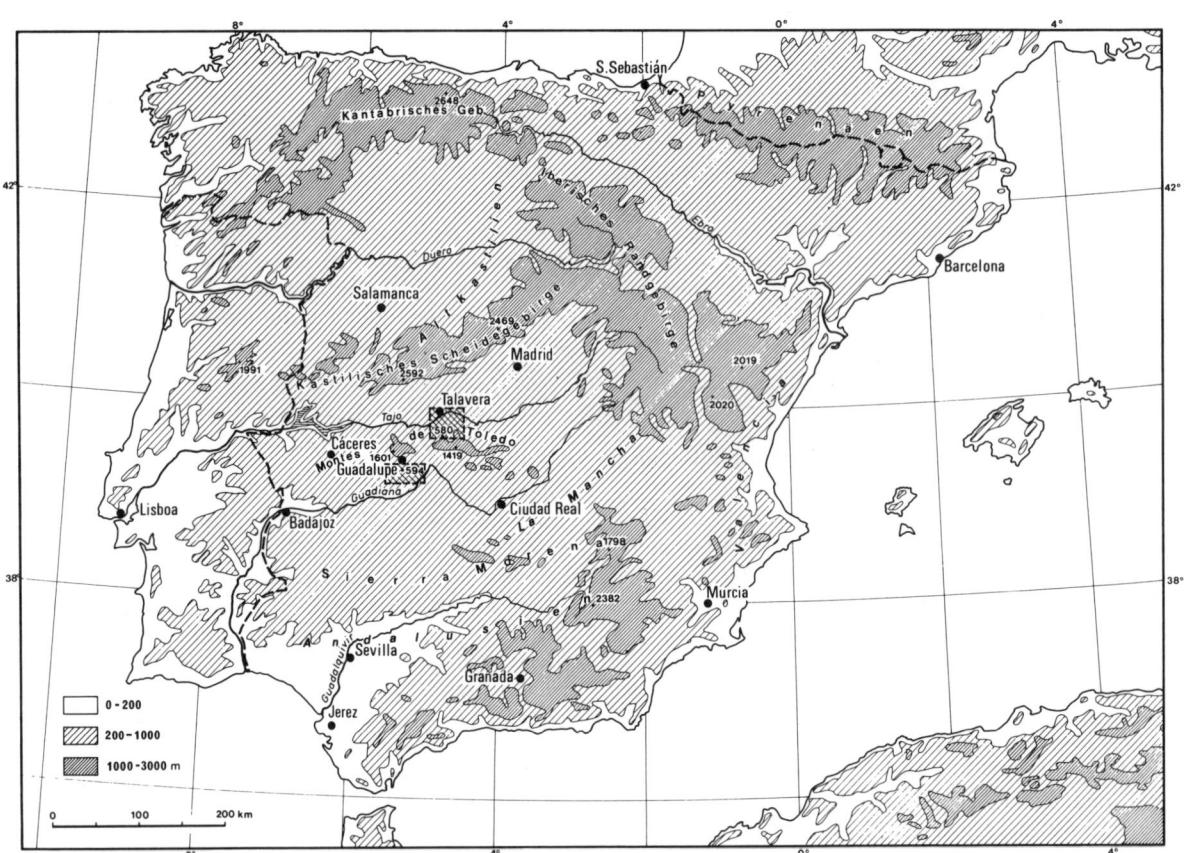

Abb. 1: Übersichtskarte von Spanien mit der Lage der Arbeitsgebiete

2. GEOMORPHOGRAPHIE DER ARBEITSGEBIETE

2.1 Abgrenzungen der Arbeitsgebiete

Für die Bearbeitung der gewählten Problemstellung boten sich zwei charakteristische Geländeausschnitte im Bereich der Montes de Toledo an (Abb. 1). Hauptauswahlkriterien waren dabei vor allem die Verbreitung der Rañas, die einen wesentlichen Teil der Untersuchungen ausmacht, und die Ausprägung jüngerer Terrassensysteme.

Das südliche Arbeitsgelände umfaßt einen Teil der **mittleren Extremadura,** der von dem Rio Ruecas, dem Rio Silvadillo und dem Rio Guadalupejo entwässert wird. Zwischen beiden Regionen liegen die einzelnen Sierren-Ketten der Montes de Toledo (Abb. 2).

Im Norden wurden die ausgedehnten Flächen am Fuß des Gebirges südlich Talavera de la Reina, speziell die Einzugsgebiete des Rio Sangrera und des Rio Pusa, die hier in den Rio Tajo einmünden, untersucht (Abb. 3).

Die **Montes de Toledo** bilden insgesamt eine ostwestlich streichende Aufwölbung der **Iberischen Masse** (Abb. 4, 5), die durch den von Süden kommenden Schub der Betischen Kordillere, insbesondere während der steirischen und savischen Phase der alpidischen Orogenese im Miozän, entstanden ist (LAUTENSACH 1964: 117). Ihr Faltenbau ist verhältnismäßig einförmig. Im ganzen gesehen bilden sie **flache Gewölbe** von z. T. großer Breite. Die Flanken neigen sich mit Werten zwischen 30° und 40° (WEGGEN 1955). Eine relativ oft auftretende Erscheinung vor allem in den oberen Partien des armorikanischen Quarzits ist eine disharmonische Faltung. In die Quarzite eingelagerte Tonschiefer- und Sandsteinbänke sind zu Falten verformt, die stark zusammengepreßt sind. Die einschließenden Quarzite zeigen eine starke Zerklüftung, die oft diagonal zur Streichrichtung verläuft (MERTEN 1955).

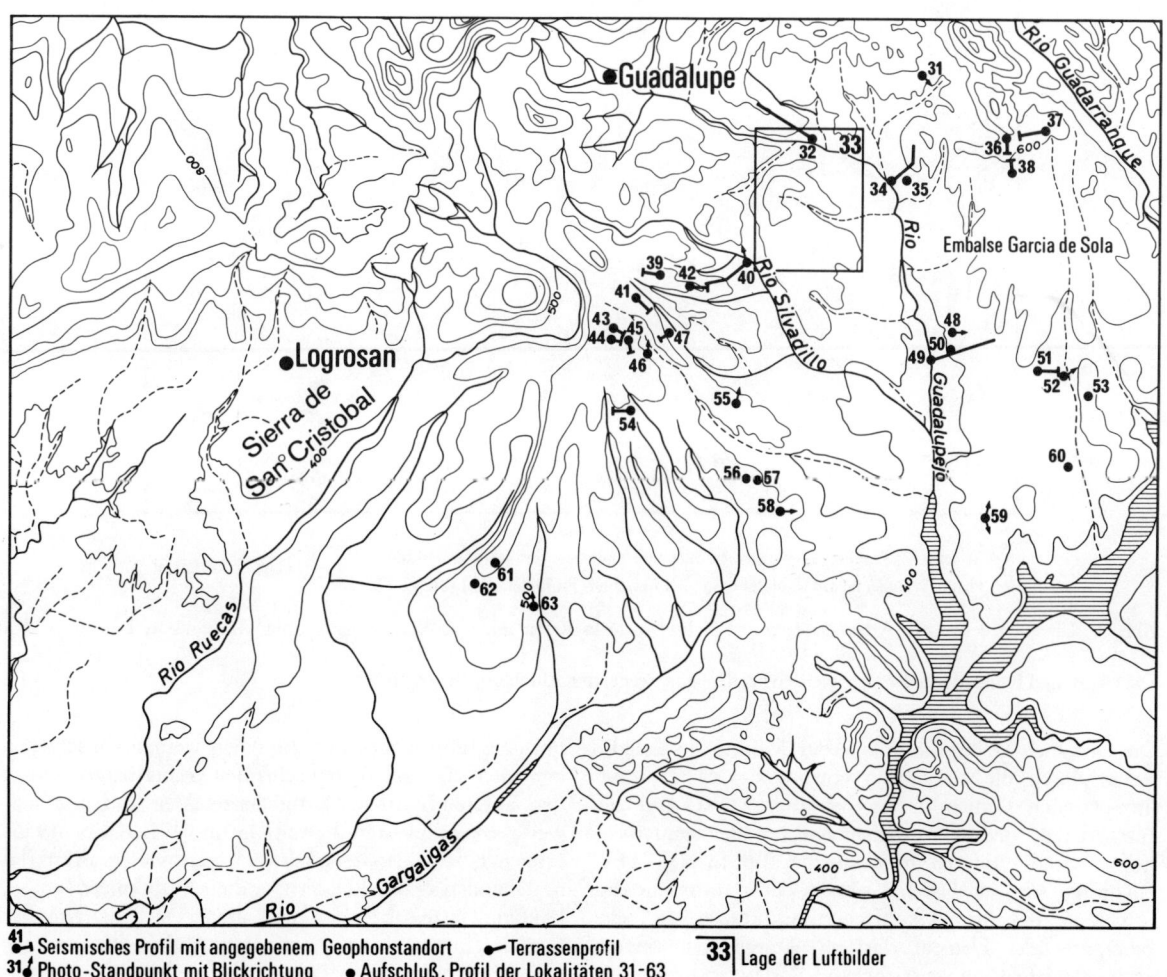

Abb. 2 Übersichtskarte des Arbeitsgebietes südlich Guadalupe mit Lokalitäten der Profile, Aufschlüsse, Luftbilder und Photos. Die Hoch- und Rechtswerte der Orte werden bei den entsprechenden Abbildungen angegeben.

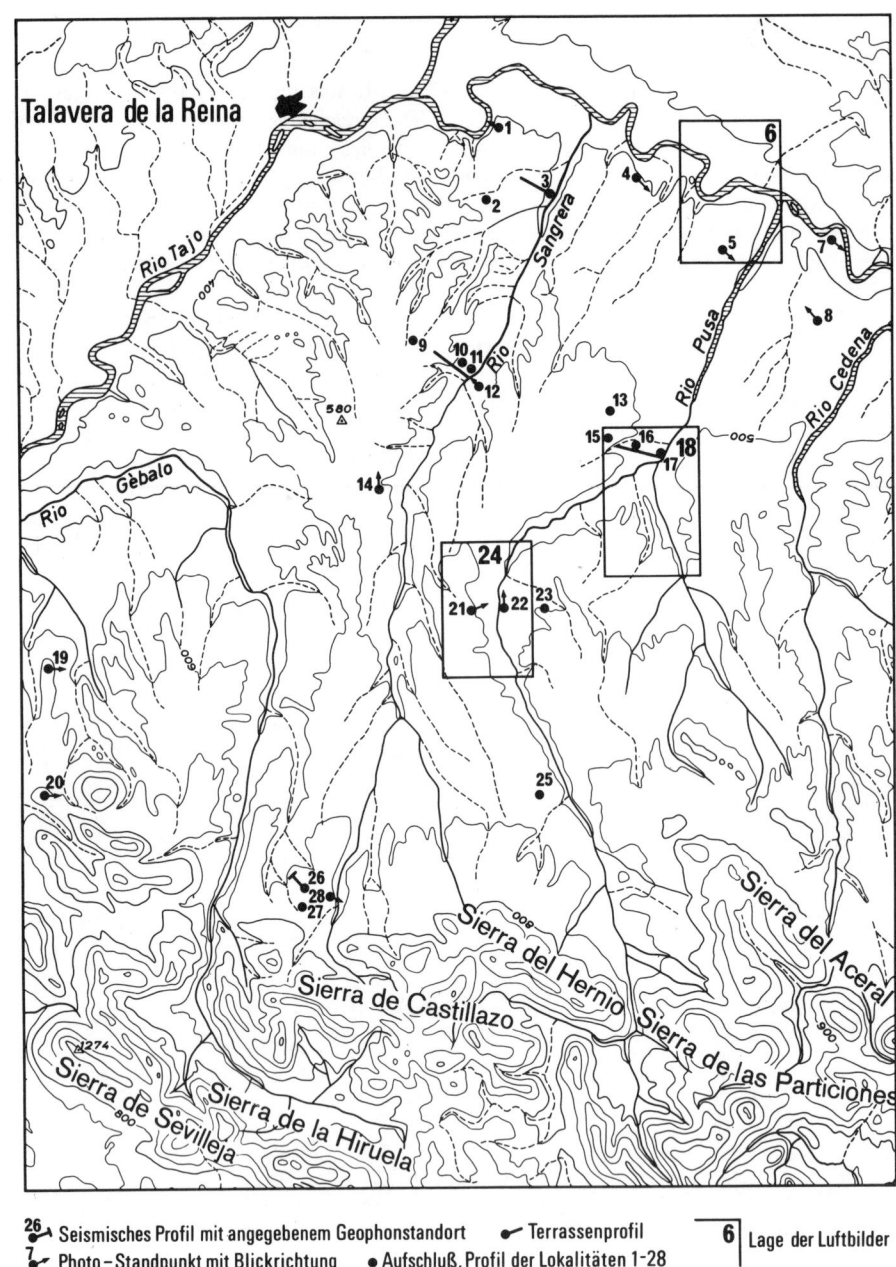

Seismisches Profil mit angegebenem Geophonstandort   **Terrassenprofil**   **Lage der Luftbilder**
Photo-Standpunkt mit Blickrichtung   **Aufschluß, Profil der Lokalitäten 1-28**

Abb. 3   Übersichtskarte des Arbeitsgebietes bei Talavera de la Reina mit Lokalitäten der Profile, Aufschlüsse, Luftbilder und Photos.
Die Hoch- und Rechtswerte der Orte werden bei den entsprechenden Abbildungen angegeben.

Die einzelnen Gebirgskomplexe der Montes de Toledo treten durch die markanten Formen der Sierren mit ihren steilen Graten in Erscheinung. Meist sind sie entsprechend dem tektonischen Bau parallel ineinander gelagert und verlaufen im westlichen Teil in NW–SE–Richtung. Am Bau beteiligt sind in der Hauptsache die Schichten des **armorikanischen Quarzits**, der ein reliefprägendes Element darstellt. Durch seine Härte setzt er der Erosion weitestgehend Widerstand entgegen und charakterisiert dadurch das gesamte Erscheinungsbild. Dieser Quarzit tritt im Arbeitsgebiet in zwei Formengruppen auf, den zwischen weiten Tonschieferbereichen eingeschalteten schroffen Quarzitzügen, die in den unteren Partien plattig ausgebildet sind und teilweise Mächtigkeiten bis zu 350m (WEGGEN 1955) erreichen und den aus schwach gerundetem Material bestehenden Blockfeldern, die kubikmeter-große, kantige Gesteinsbrocken enthalten. Die Quarzite der Gipfelregionen, wie auch die der „**Pedrizas**", der Felsmeere, unterliegen aufgrund einer regelmäßigen weitständigen Klüftung vorwiegend der physikalischen Verwitterung. Neben einem grobblockigen Zerfall läßt

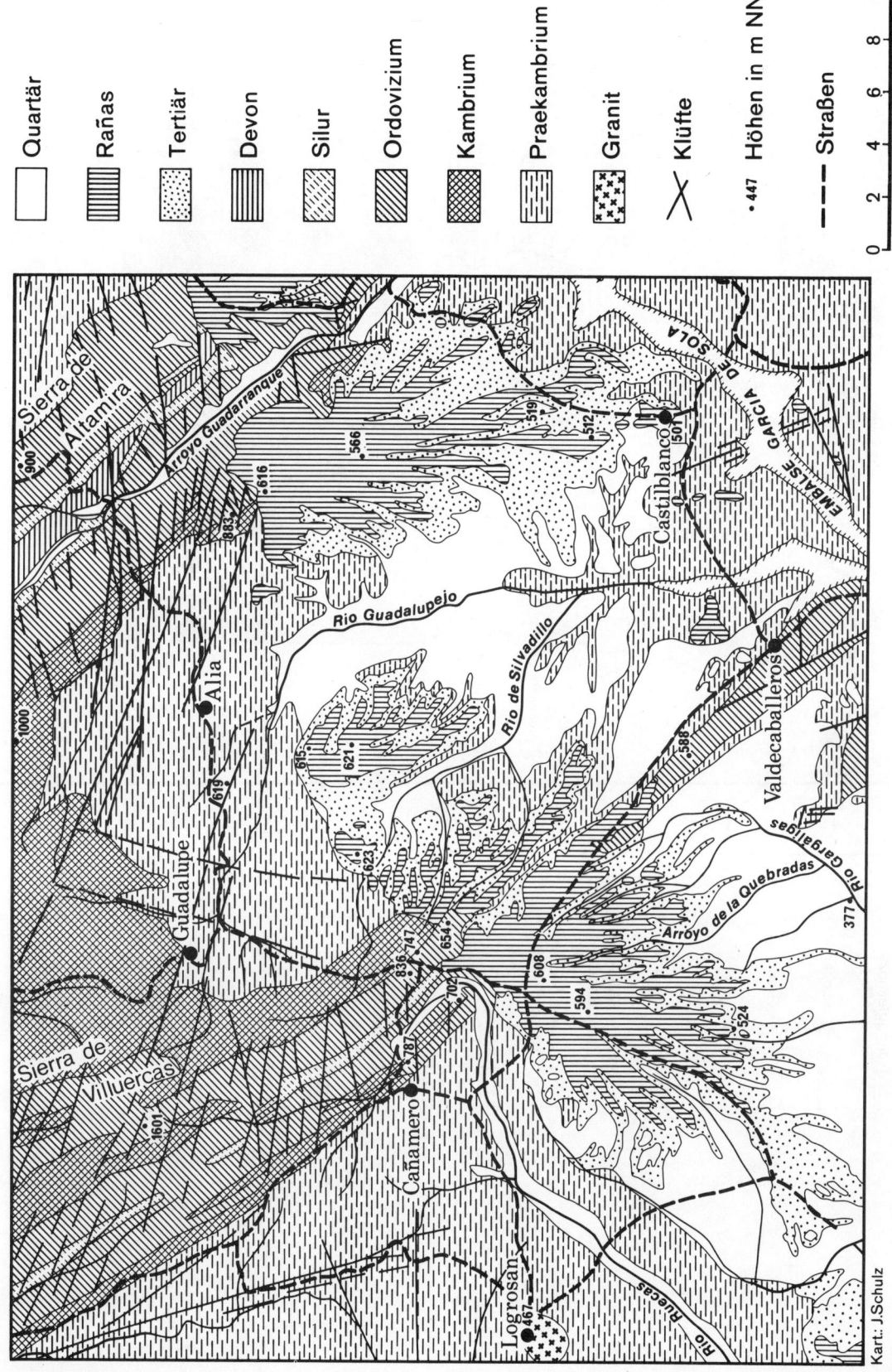

Abb. 4 Raña-Flächen und Geologie des südlichen Vorlandes der Sierra de Guadalupe (Geologie nach ARIBAS u.a. 1971, SAN JOSE 1971 und eigenen Aufnahmen)

Kart.: J.Schulz

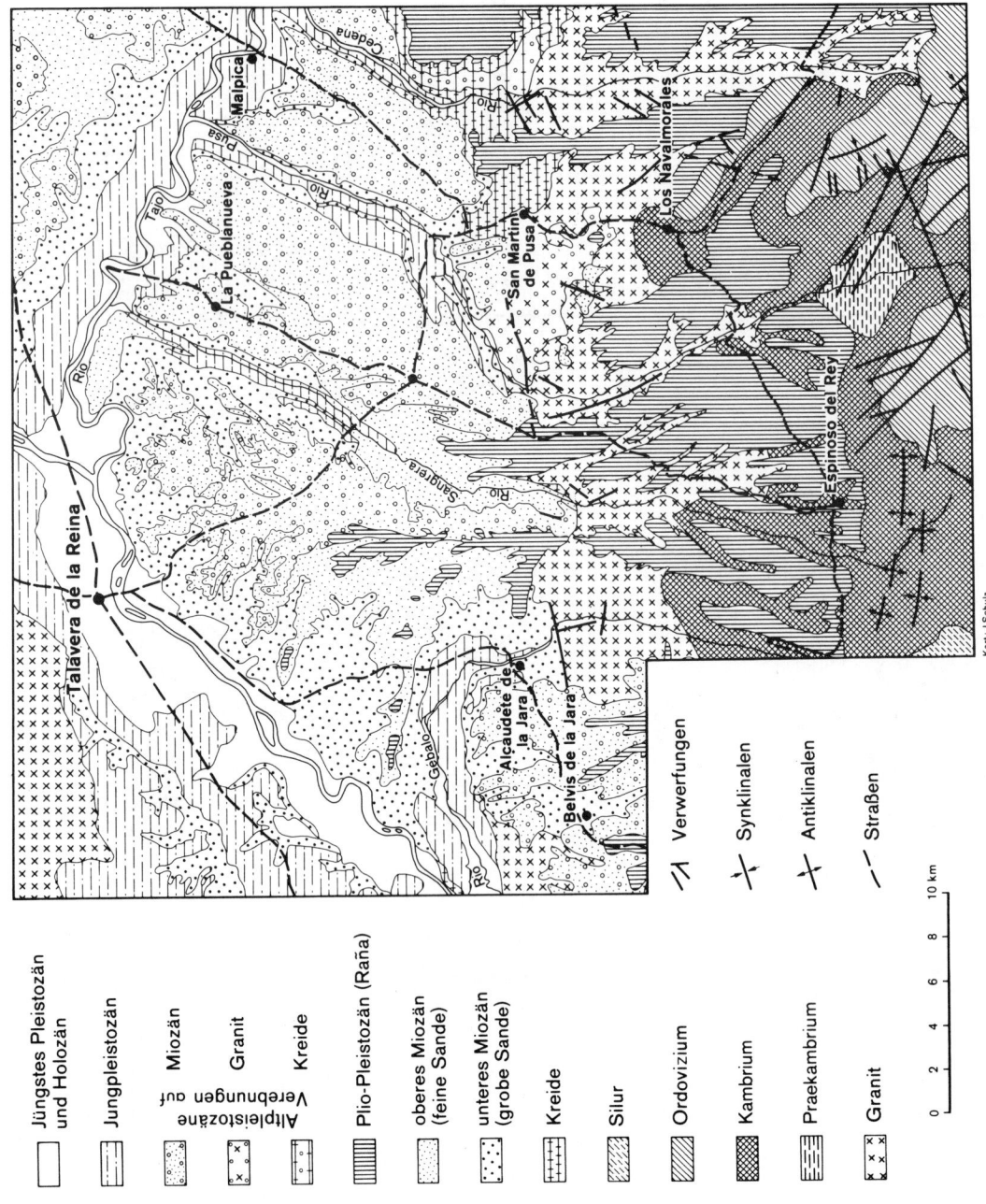

Abb. 5 Raña-Flächen und Geologie des Vorlandes der Montes de Toledo bei Talavera de la Reina (Geologie nach ARIBAS, FUSTER 1971, ESCORZA & ENRILE 1972 und eigenen Aufnahmen)

sich aber auch das Abspringen von kleineren Scherben beobachten. Die gebankten Quarzite mit sandigen und schiefrigen Wechsellagerungen weisen eine geringe Abrundung der einzelnen Bruchstücke in situ auf, die auf chemische Verwitterung zurückzuführen ist (Photo 5,6).
– Dies wird aber im Zusammenhang mit der Diskussion der Raña-Entstehung noch näher zu untersuchen sein. Die Struktur dieser Quarzite ist teils körnig, teils von sehr dichtem Gefüge. Ihre Farbe ist im allgemeinen weiß, verschiedentlich aber auch grau oder rötlich. Neben diesen kambrischen und ordovizischen Quarziten in Wechsellagerung mit Schiefern und Sandsteinen treten noch vor allem in der Sierra de Altamira (Abb. 4) **silurische Schiefer, Quarzite und quarzitische Grauwacken auf.**

2.2 Die rezenten klimatischen Bedingungen in den Montes de Toledo

Nach LAUTENSACH (1951) hat das Untersuchungsgebiet Anteil an dem „**sommertrockenen Iberien**", das räumlich etwa die Hälfte der Halbinsel einnimmt. LAUTENSACH bezeichnet aus pflanzengeographischen Gründen einen Monat als Trockenmonat, wenn dessen mittlerer Niederschlag 30 mm nicht übersteigt.
Für das Arbeitsgebiet wird sowohl eine räumliche wie auch zeitliche Differenzierung des **Niederschlages** deutlich. Im Mittel von 1965–1969 sind in Talavera de la Reina 622 mm Jahresniederschlag gefallen. Südlich der Sierra de Guadalupe sind für den gleichen Zeitraum die Niederschlagssummen bedeutend höher. So fielen in Herrera del Duque 784,8 mm und in Cañamero am Fuß der Sierra sogar 1145,9 mm (Abb. 6).
Zwischen dem besonders regenreichen Frühling und dem Herbst liegt eine äußerst trockene Zeit. Die geringsten Niederschläge fallen im Juli und August. Die absoluten Regenhöhen liegen in diesen beiden Monaten in den Vorländern der Montes de Toledo unter 30 mm, meistens sogar unter 10 mm. Mit dem Übergang vom August zum September steigen die Niederschläge dann um ein Beträchtliches an. Cañamero erreicht hier mit 80,2 mm den höchsten Wert im Arbeitsgebiet. In Talavera de la Reina werden im fünfjährigen Mittel nur 55,2 mm gemessen. Von Oktober bis November steigen die Regenmengen noch geringfügig an und erreichen südlich der Sierra de Guadalupe bei Cañamero mit 158,2 mm und Herrera del Duque mit 98 mm ein Maximum. Diese Werte liegen deutlich über dem November-Maximum von Talavera de la Reina mit 89,2 mm. Auffällig ist die relative Trockenheit des Dezembers, besonders bei Talavera de la Reina und Herrera del Duque. Im Februar erreichen die Niederschläge ihr absolutes Maximum. So fallen in Cañamero 210,6 mm, in Talavera de la Reina 106 mm und in Herrera del Duque 171 mm (Abb. 6).
Der jährliche **Temperaturgang** ist im Gegensatz zu den Niederschlägen sowohl zeitlich als auch räumlich ausgeglichener. Es tritt jeweils nur ein Minimum im Winter und ein Maximum im Sommer auf. Eine Spaltung in Teilmaxima ist nicht zu verzeichnen.
Die tiefsten Temperaturen werden im Dezember oder Januar registriert, die Maxima liegen im Juli und August.
In den Wintermonaten von Oktober bis März sind **Nachtfröste** in Talavera de la Reina keine Seltenheit. So wurden von 1965–1969 in diesen 6 Monaten mindestens 50 Tage mit Minima unter 0° C gemessen. Im Herrera del Duque trat nur in den Monaten November bis Februar Frost auf.
Aus diesen klimatischen Parametern resultiert für die rezente Morphodynamik ein **semihumides, fluviales Abtragungsregime** mit intensiver Hangspülung und periodisch starken, fluvialen Prozessen ($f_2\ s_2\ d_1$ nach POSER & HAGEDORN 1974).

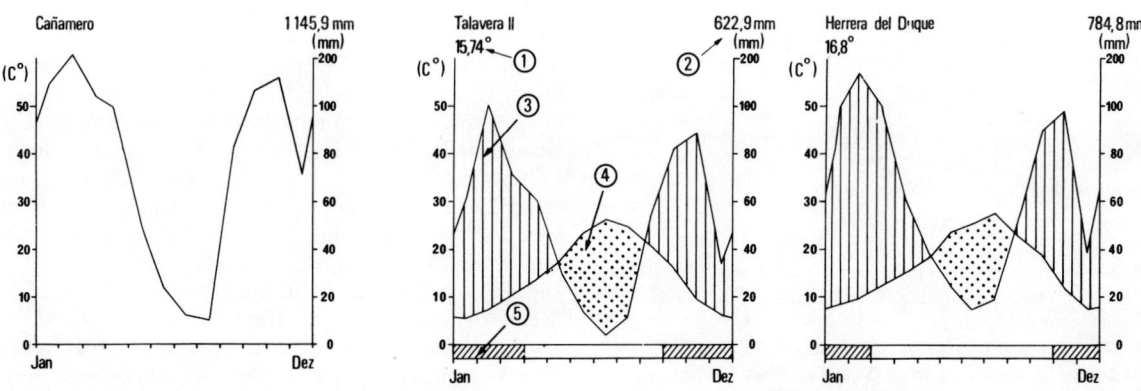

Abb. 6 Niederschlagsverteilung und Klimadiagramme aus dem nördlichen und südlichen Vorland der Montes de Toledo (GEHRENKEMPER 1977).
1 = Jahresmitteltemperatur, 2 = mittlere Summe des Jahresniederschlages, 3 = humide Monate, 4 = aride Monate, 5 = Monate mit Frost.

2.3 Der Formenschatz südlich der Sierra de Guadalupe

2.3:1. Die geologischen Verhältnisse

Das Untersuchungsgebiet in der Umgebung von Guadalupe ist geprägt von dem Gegensatz zwischen den über 1600 m ü. NN aufragenden Bergkämmen der Sierra de Guadalupe aus paläozoischen Gesteinen und den jüngeren Ablagerungen des Tertiärs und des Quartärs im Sedimentationsraum des Guadiana (Abb. 4).

Die Sierra de Guadalupe besteht hier aus den NW-SE streichenden Bergkämmen der Sierra de la Ortiguela (1368 m ü. NN), der Sierra de las Villuercas (1601 m ü. NN), der Sierra de Palomera (1443 m ü. NN) und der östlichen Kette der Sierra de Altamira (1293 m ü. NN). Diese schartigen Gebirgskämme werden vor allem von harten **armorikanischen Quarziten** des Ordoviziums gebildet, die durch Abtrag der weicheren **Schiefer** und **Sandsteine** herauspräpariert wurden. Die Abfolge von verschieden weichen und harten Gesteinen der armorikanischen Serie tritt besonders deutlich in der Synklinale zwischen der Sierra de Altamira und der Sierra de Palomera im Tal des Guadarranque auf und wurde von RAMIREZ (1955) untersucht.

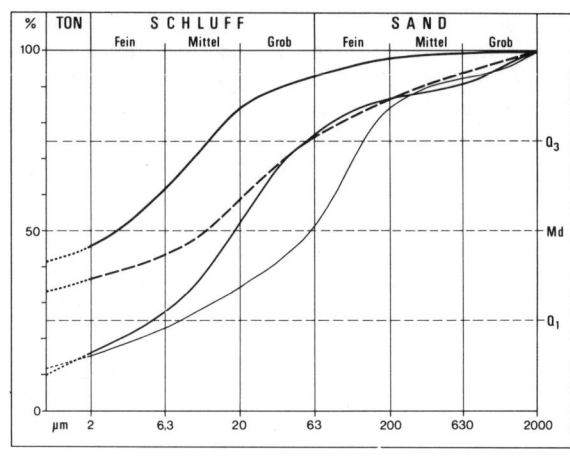

Abb. 8 Granulogramme miozäner Ablagerungen unterhalb der Mesas de la Raña.
Lokalität 62 (HW 518,2 / RW 542,1)

75/22a   Matrix der Hangschuttdecke
          lehmiger Sand (So = 12,0)
75/22b   Tonanreicherungshorizont in einer Braunerde
          sandig-toniger Lehm (So = 2,1)
75/22c   unverwittertes Miozän-Sediment
          toniger Schluff (So = 3,5)
75/22d   unverwittertes Miozän-Sediment
          lehmiger Sand (So = 5,6)

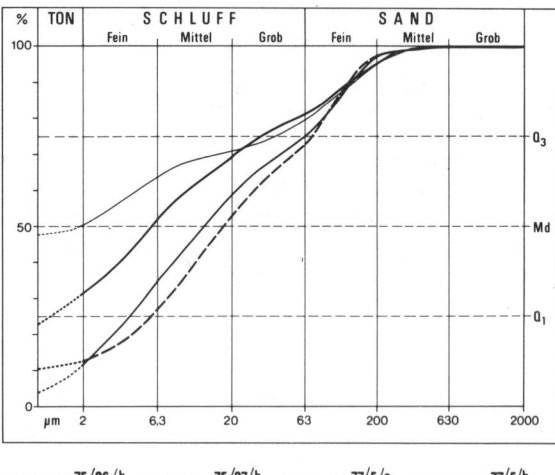

Abb. 7 Granulogramme der Quarzit-Verwitterung nördlich Valdecaballeros (vgl. Photo 12,29).
Lokalität 58 (HW 522,6 / RW 464,9)

77/5a   lehmiger Ton (So » 4,47)
77/5b   sandig-toniger Lehm (So » 3,87)
75/27/b   miozäne Sedimente unter den Rañas de las dos Hermanas nördlich Castilblanco
            toniger Schluff (So = 3,57)
            (Lokalität 53, HW 525,4 / RW 480,2)
75/26/b   Quarzit-Verwitterung nördlich Castilblanco
            (Lokalität 60, HW 522,7 / RW 479,15)
            toniger Schluff (So = 3,97)

Zwischen der Sierra de las Villuercas und der Sierra de Palomera sind es vor allem kambrische Gesteine, die das etwas niedrigere Relief bilden. RANSWEILER (1967) konnte so die unterschiedlichen Gesteinskomplexe differenzieren, die aus Sandsteinen und Schiefern verschiedener Härte und Ausprägung bestehen.

Im Gebiet um Alia befindet sich eine Zone aus präkambrischen Schiefern, Grauwacken, Sandsteinen und Konglomeraten, die aufgrund ihrer morphologischen Wertigkeit gegenüber den Quarziten stärker abgetragen sind.

Neben diesen flächenmäßig weitverbreiteten Formationen treten in den Sierren noch silurische Sandsteine, Quarzite und Schiefer auf. Devonische Gesteine sind in diesem Untersuchungsgebiet nur im Bereich der Guadarranque-Synklinale erhalten. Granite, deren Verwitterungsprodukte die jüngeren Sedimente im Arbeitsgebiet bei Talavera de la Reina prägen, sind im Süden selten, nur in der Sierra de San Christobal bei Logrosan tritt ein porphyrischer Granit auf.

Die **mesozoischen Formationen** fehlen in diesem Teil der Sierra de Guadalupe und ihrem Vorland ganz.

Zwischen den Sierren und dem Guadiana werden weite Teile des paläozoischen Gesteins von **miozänen Sedimenten** überlagert. Sie bestehen aus lehmigem Sand (77/27b, Abb. 7) bis tonigem Schluff (77/22 a–d, Abb. 8) und variieren in der Farbe von rot bis grüngrau. Der im Vergleich zu den zeitgleichen Ablagerungen im nördlichen Untersuchungsgebiet hohe Tonanteil in den oberen miozänen Sedimenten resultiert aus dem hohen Anteil der Tonschiefer im Liefergebiet.

Überlagert werden diese terrestrischen Formationen des Miozäns von den Rañas und den quartären Terrassenakkumulationen, auf die im folgenden noch näher eingegangen wird.

2.3.2 Die Talsysteme und Terrassen

Der Vorfluter, der das Gebiet entwässert, ist der **Rio Guadiana**. Er durchbricht von Süden kommend am Portillo de Cijara die Quarzitzüge der Solangia de las Casas und fließt dann in spitzem Winkel in NE-SW-Richtung weiter und hat sich in diesem Bereich nicht in die weicheren Raña- und Tertiärsedimente südlich der Sierra de las Villuercas und der Sierra de Altamira eingeschnitten.

Zwischen dem Portillo de Cijara und Herrera del Duque verläuft der Guadiana in präkambrischen Schiefern. Dieses Gebiet, das eine mittlere Höhe von 450–500 m ü. NN hat und in das sich der Fluß rund 140–150 m rel. eintieft, liegt 20–30 m höher als etwa die Tallandschaften zwischen den Rañas de las dos Hermanas und den Mesas del Pinar.

Nach dem Durchbruch durch die Sierra de la Chimenea ändert sich der Talcharakter. Aus der Engtalstrecke südlich und südwestlich Castilblanco durchquert der Guadiana südwestlich Herrera del Duque bis Orellana la Vieja die paläozoischen Schiefer in einem weiten Tal mit einigen nicht sehr ausgeprägten Stromschnellen (HERNANDEZ-PACHECO, E. 1928:69). Diese sind jedoch heute nach Anlage von Stauseen nicht mehr feststellbar.

Der Verlauf des Guadiana quer zur Streichrichtung des geologischen Untergrundes zwischen dem Portillo de Cijara und Orellana la Vieja in den präkambrischen Schiefern und sein tiefes Einschneiden in die Quarzitriegel lassen den Schluß zu, daß es sich, worauf auch schon OEHME (1936, 1942) hingewiesen hat, um eine **epigenetische Einschneidung** handelt. Dies wird im weiteren Zusammenhang noch näher zu diskutieren sein.

Der weitere Verlauf des Guadiana außerhalb des Arbeitsgebietes, seine **Terrassen** und seine begleitenden Flächensysteme wurden im Überblick von HERNANDEZ-PACHECO, E. (1928) und FEIO (1947) beschrieben. Danach wird der Fluß im Unterlauf von vier Terrassenniveaus begleitet (Tab. 1). Die höchste Verebnung von 80–90 m rel. wurde von FEIO, M. (1947) ins Sizilien (Früh–Pleistozän) datiert. Ein Verebnungsniveau in ähnlicher Höhe ohne Schotterbedeckung kann auch östlich des Quarzitriegels der Sierra de la Chimenea südlich des Ortes Castilblanco festgestellt werden. Ein zeitlicher und genetischer Vergleich ist jedoch sehr schwer möglich, da die Quarzitriegel von Cijara, der Sierra de la Chimenea und der Quarzitriegel von Merida den einzelnen Flußabschnitten eine gewisse Eigenständigkeit in ihrer epigenetischen Einschneidung verliehen haben.

Im Gebiet des Portillo de Cijara konnte HERNANDEZ-PACHECO, E. (1928:64) am Guadiana, der hier in etwa 340 m ü. NN fließt, drei Terrassenniveaus ausgliedern, ein unteres bei etwa 7 m, ein mittleres von ca. 17 m und eine Verebnung bei 80 m über dem Fluß (Tab. 1).

Ein Vergleich mit Terrassen im Oberlauf des Guadiana, wie sie MOLINA (1975) angeführt hat, ist nur begrenzt möglich. Durch die geologisch sehr unterschiedliche Situation sind dort die Einschneidungsbeträge wesentlich geringer als im Arbeitsgebiet. So konnte MOLINA

Guadiana	Ruecas	Gargaligas	Silvadillo	Guadalupejo Oberlauf	Guadalupejo Unterlauf	Bezeichnung
			130–135 m	140–150 m	70 m	Übergangsterrasse (ÜT)
	90–100 m	85–90 m 130 m über Gargaligas	80 m	80–100 m	60 m ü. Arroyo	Hochterrasse (HT)
80 m	70 m	50–70 m 30–40 m ü. Gargaligas	45–50 m	50–60 m	40–50 m	obere Mittelterrasse (oMT)
17 m		12–20 m	12–14 m	20–30 m	10–15 m	untere Mittelterrasse (uMT)
7 m	2–3 m	2 m	1,5 m	2–3 m	4 m	Niederterrasse (NT)

Tab. 1 Vergleich der Terrassen im Untersuchungsgebiet südlich der Sierra de Guadalupe

(1975) sechs Terrassen in 2–3 m, 5–6 m, 8 m, 11–13 m, 16–18 m und 22–28 m über dem heutigen Fluß auskartieren. Von diesen hat er die 3 m-, die 6 m- und die 12 m-Verflachung sowie deren Schotterkörper sedimentologisch näher untersucht. Aufgrund seiner Befunde datierte er die Bildung der 6 m-Terrasse ins Riß.

Eigene Terrassenuntersuchungen am Guadiana waren nicht möglich. Durch Ausnutzung der günstigen geologischen Situation, daß der Guadiana mehrfach Quarzitriegel in Engtalstrecken quert, hat man in den 1950er und 1960er Jahren Staudämme angelegt. Dadurch sind heute die meisten Terrassen, insbesondere die unteren Niveaus, überflutet, so daß sich kein geschlossenes Bild mehr rekonstruieren läßt. Auch die höheren Verebnungen sind nur noch sehr schwer zum Flußbett relativierbar.

So konnten im Arbeitsgebiet der südlichen Sierra de Guadalupe nur die Systeme der Nebenflüsse Rio Ruecas, Rio Silvadillo und Rio Guadalupjo zur Analyse der jüngeren, pleistozänen Reliefgenerationen herangezogen werden.

2.3.2.1 Der Rio Ruecas

Das Untersuchungsgebiet wird nach Westen durch den Rio Ruecas begrenzt (Abb. 4). Er entspringt in der Sierrenkette der Villuercas, die vorwiegend aus ordovizischen Schiefern und Quarziten aufgebaut ist, und fließt dann zwischen zwei Härtlingszügen mit einer Neigung von ca. 0,8% gegen Süden.

In einer **Gefällstrecke** mit etwa 4% nördlich Cañamero durchbricht er die Flanke eines Quarzitriegels und verläuft danach in einem erweiterten, tiefeingeschnittenen Tal zwischen der Sierra de Pimpolar und der Sierra de Belen mit etwa 1,1% Gefälle nach SE. Vor den Mesas de la Raña, die sich in einem breiten Fächer vor dem Tal des Ruecas ausdehnen, biegt er, um 140 m–150 m rel. eingetieft, plötzlich nach SW um 145° ab und trennt hier die weiten Raña-Flächen von den Gebirgsketten. Danach verringert sich sein Gefälle im weit ausgeräumten Schiefergebiet zwischen der Sierra de San Christobal und La Raña de Cañamero weiter auf 0,6%.

In den **Engtalstrecken** sind Verebnungen, die sich zu Terrassensystemen verknüpfen lassen, nicht feststellbar. Der rezente Fluß ist hier in Talweitungen in einen 1–2 m mächtigen Schotterkörper eingeschnitten. Südlich der Sierra de Pimpolar hat der Ruecas ein flachwelliges Kuppenrelief in den präkambrischen Schiefern freigelegt, das mehr oder weniger gleichmäßig zu den Sierren ansteigt. Korrelate Sedimente konnten hier nicht beobachtet werden.

An den Hängen der Rañas dagegen wurden südöstlich Logrosan folgende Verebnungen festgestellt: Der Fluß hat hier eine Höhe von etwa 460 m ü. NN und fließt heute vor allem in anstehendem Schiefer, in den er sich bis zu 2–3 m, stellenweise auch bis zu 10 m eingetieft hat. Beidseitig steigt dann das Gelände mit ca. 4–6% an. Am Fuß der Rañas nimmt das Gefälle gleichmäßig zu. In etwa 500–520 m ü. NN (40–60 m rel.) stellt sich eine erste Verflachung ein, die in ihren oberen Teilen eine Schotterdecke trägt. Darüber liegen noch zwei weitere Verebnungen in 530 m ü. NN (70 m rel.) und 555 m ü. NN (90–100 m rel.). Diese Terrassen sind in miozänen Sanden und Lehmen ausgebildet, und das Material ist aufgrund seines Tongehaltes wasserundurchlässig und leicht erodierbar. Die Verebnungen, die an den Hängen der Rañas del Pinar auftreten, sind daher auch verhältnismäßig schwach ausgebildet und nur durch einen Höhenvergleich als solche erkennbar. Das Schottersediment, das ihnen auflagert, ist stellenweise sehr dünn und von einem Hangschutt aus Rañamaterial nur schwer zu unterscheiden. Denn oberhalb, in einer Höhe von ca. 600 m ü. NN, liegen die Rañas, deren Fanger sich natürlich in den Terrassen in sekundärer Lagerstätte wiederfinden. Lediglich durch das Auftreten vereinzelter Schiefergerölle, die in den Rañas nicht mehr vorkommen, konnten die Terrassenkörper als postrañazeitliche Sedimente des Rio Ruecas identifiziert werden. Eine ähnliche Abfolge von Höhen findet man weiter südlich an den einzelnen Riedeln der weit nach Süden vordringenden Rañas de Cañamero, so etwa zwischen dem Rio Cubilar und dem Rio Ruecas. Unterhalb der Rañas, die hier eine Höhe von ca. 520 m ü. NN haben, tritt bei etwa 450 m ü. NN die erste Verebnung ein (Beilage 1). Sie ist in miozänem Lehm angelegt (Abb. 8) und trägt eine Schotterdecke, die vornehmlich aus Quarziten besteht, wie auch das Niveau in einer Höhe von 435–440 m ü. NN. Diese beiden Terrassen stellen schmale Leisten dar, die nur an der Stirnseite der Rañariedel deutlich ausgeprägt sind.

Anders dagegen die Verebnungen in 380–400 m ü. NN, die mit 8% nach S–SW einfallen. Der Sedimentcharakter wandelt sich hier grundlegend. Es überwiegen weiche schiefrige Gerölle, die sehr stark verwittert und mit kräftig ausgebildeten Kalkbändern und Kalknestern angereichert sind. Diese Terrasse geht kontinuierlich in die nächsttiefere über, die in miozänen Feinsedimenten angelegt ist und nur vereinzelt Schotter aufweist. Zum Rio Cubilar und zum Rio Gargaligas dacht diese Fläche, von den Arroyos in einzelne Riedel aufgelöst, mit 1,5% bis auf 340 m ü. NN ab. Diese beiden Flüsse sind heute etwa 2 m in ihre Niederterrasse eingetieft, in die Schotter, vermutlich Rañamaterial, eingelagert ist (Tab. 1).

Diese Verebnungen lassen sich auch weiter östlich am Fuß der Rañas nördlich des Rio Gargaligas feststellen. Ihre Ausbildung ist jedoch nicht so deutlich wegen der geringen Entfernung zwischen der Hauptentwässerung und den Flächen der Rañas.

Es ist auffallend, daß diese Flächen ein gleichsinniges Gefälle nach Süden zum Guadiana, nach Osten zu den Arroyos (Quebradas, Tejuela, Valdelavieja und Valdebitornia) haben. Dies läßt darauf schließen, daß der Rio Gargaligas im Laufe seiner pleistozänen Talentwicklung durch das von den Rañas abkommende Wasser der Arroyos nach Süden bzw. Südosten bis vor den Fuß der Sierra de los Pastillos abgedrängt worden ist. In diese „**Gleithänge**" haben sich dann die Arroyos eingetieft. Sie selbst weisen heute an vielen Stellen ein asymmetrisches Querprofil mit einer flachen E-exponierten und einer steilen W-exponierten Böschung, insbesondere am Arroyo de Tejuela, auf.

Die Verebnung in etwa 130 m über dem Rio Gargaligas und dem Rio Cubilar und ca. 85–90 m oberhalb der Arroyos, die die Rañas zerschneiden, ist nur schwach an den Stirnen der einzelnen Riedel ausgebildet. Die Schotterbedeckung der Terrassen ist sehr dünn und keilt zum Rand hin aus. An den Talflanken der Arroyos sind sie als Verflachungen nicht zu erkennen. Hier treten sie nur als dreiecksförmige Schottereinlage in den Hangschuttdecken etwa 15 m unterhalb der Raña-Oberfläche auf (Photo 7).

Das beweist, daß die Täler im Oberlauf, die jetzt die Rañas zergliedern, schon im Initialstadium in der heutigen Breite auf den Rañas angelegt wurden, vergleichbar etwa den rezenten anastomisierenden Torrenten. Seit dieser ersten Anlage sind zumindest die oberen Teile der Arroyo-Täler in den Rañas nicht mehr wesentlich verbreitert, sondern nur noch eingetieft worden.

2.3.2.2 Rio Guadalupejo und Rio Silvadillo

Das Quellgebiet des Guadalupejo liegt in den ordovizischen und kambrischen Quarziten in Wechsellagerung mit den Schiefern und Konglomeraten der Sierra de las Villuercas westlich des Ortes Guadalupe. Im Oberlauf zeigt das rezente Bett ein sehr starkes Gefälle von 2–3%. Erst südlich Alia wird das Längsprofil ausgeglichener mit einem Gefälle von 0,6%, das östlich der Mesas del Pinar auf 0,4% und bis zur Mündung in den Guadiana auf 0,3% im Stau vor dem Cerro de la Barca absinkt (Beilage 1). Dieser untere Flußlauf konnte nur aus topographischen Karten rekonstruiert werden, da durch den Bau des Staudammes am Durchbruch des Guadiana durch die Sierra de la Chimenea der Embalse de Garcia de Sola den Rio Guadalupejo fast bis zur Einmündung des Rio Silvadillo aufstaut.

Im **Oberlauf** ist der Fluß tief in die Quarzitkämme eingeschnitten und bildet keine Talsohle aus. Erst südöstlich Guadalupe weist er eine kleine Niederterrasse in den präkambrischen Schiefern auf. Hier sind höhere Terrassen nur als **Denudationsformen** mit vereinzelten Schotterresten erhalten. Südwestlich Alia hat sich der Guadalupejo etwa 150–160 m unter die Raña-Fläche eingetieft. Hier ist die Niederterrasse in etwa 2 m über dem rezenten mittleren Wasserspiegel ausgebildet (Abb. 9). In ca. 20–30 m über dem Fluß verläuft eine schmale Hangleiste, die auch an den Seitenbächen beim Arroyo Valdemen auftritt. In den Schiefern ist diese Verebnung immer wieder durch die Struktur des Gesteins unterbrochen und aufgrund der fehlenden Schotter schwer zu erkennen. Anders an den Hängen der Rañas, hier sind es vor allem Schwemmkegel einzelner Wasserrisse, die auf dieses Niveau auslaufen. Darüber liegt etwa 50–60 m über dem Fluß eine weitere Verflachung.

Das Querprofil des Guadalupejo südwestlich Alia weist in 80–100 m rel. auf beiden Flußseiten eine deutliche Verebnung auf. Sie steigt von 450 m ü. NN bei

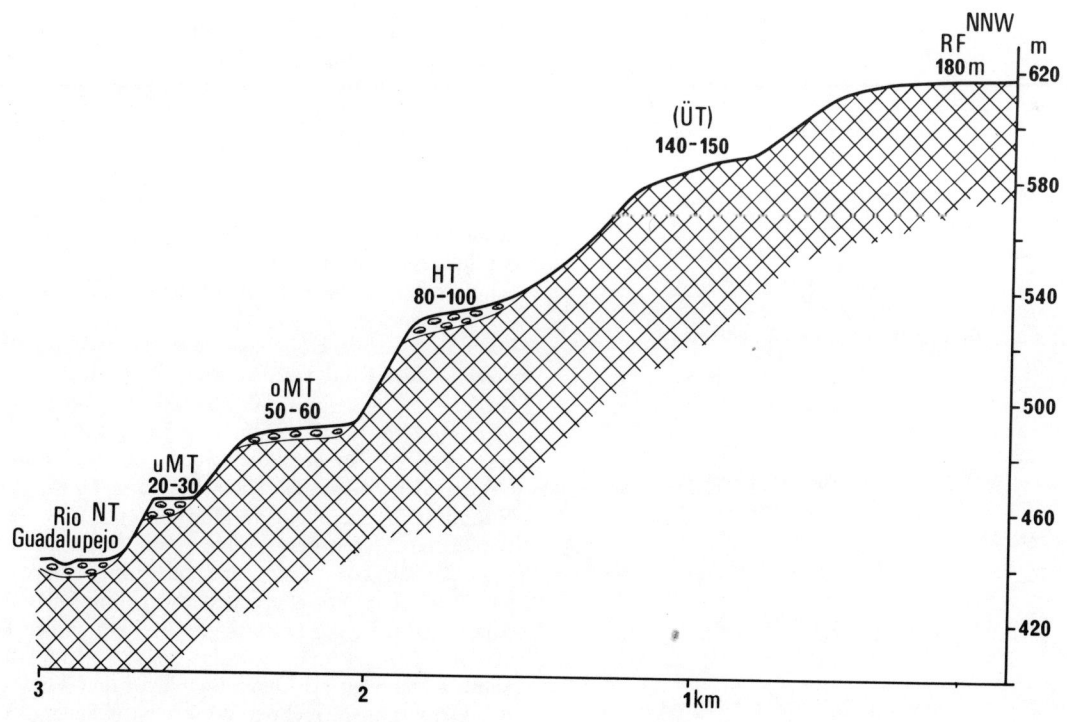

Abb. 9: Profil der Terrassen am nördlichen Hang des Rio Guadalupejo S-W Alia

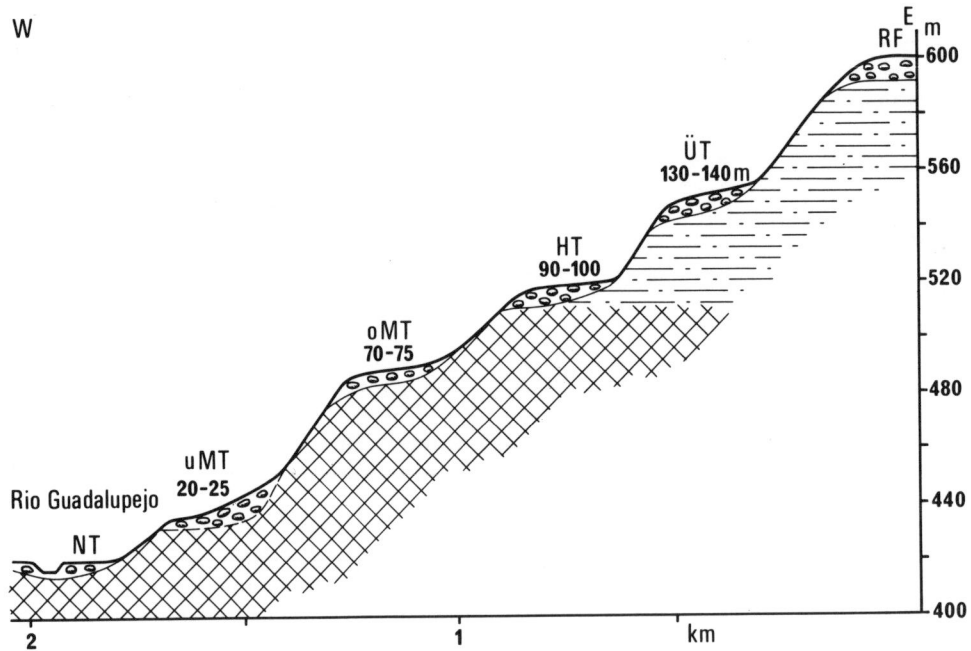

Abb. 10 Profil der Terrassen am östlichen Hang des Rio Guadalupejo s Alia.

Legende zu den Flächensignaturen der Seismik- und Terrassenprofile.

- Präkambrische Schiefer und Grauwacken
- Kambrische Quarzite, Schiefer und Sandsteine
- Armorikanischer Quarzit
  - a) unverwittert
  - b) verwittert
- Miozäne Schluffe, Lehme und Tone
- Miozäne Grobsande
- Miozäne lehmige bis tonige Feinsande
- Rañas
- Hangschuttdecken
- Verwitterungsdecken, Bodenbildungen
- Terrassenschotter

Alia bis zur Engtalstrecke von Guadalupe auf 580 m ü. NN an. Die relative Höhe zum rezenten Bett beträgt hier nur noch 60 m. Ein weiterer Verebnungsrest liegt südlich und südwestlich von Alia in 580–590 m ü. NN, etwa 140–150 m über dem Guadalupejo. Auch in miozänen Sedimenten unterhalb der Rañas ist dieses Niveau in einzelnen Kuppen nördlich der Mesas del Pinar erhalten. Sie sind jedoch aufgrund der Materialzusammensetzung sehr stark aufgelöst und zum Teil abgetragen, so daß sie meist nur noch geringe Höhen aufweisen. Die Schotter, die auf ihnen gefunden wurden, bestehen fast ausschließlich aus Quarziten unterschiedlicher Verwitterungs- und Härtegrade, so daß nicht eindeutig gesagt werden kann, ob es sich um fluviale Schotter des Guadalupejo handelt, oder ob es verlagerte Raña-Fanger sind.

Etwa in gleicher Höhenlage wie die Rañas befinden sich nördlich und nordwestlich Alia einzelne flache Riedel in ca. 620–640 m ü. NN (Abb. 9). Berücksichtigt man eine maximale Sedimentmächtigkeit der Rañas von 10–15 m, so liegt die Untergrenze der Rañas im Norden der Mesas del Pinar bei rund 600 m ü. NN. Nimmt man dabei ein Gefälle von 0,8–1 % für die Rañas und ihren Untergrund an, dann entspricht das bei einer Distanz von 2 km genau der Höhendifferenz von 15–20 m. Die korrelierenden Verebnungen nördlich Alia liegen bei einer Distanz von 4–5 km zu den Rañas bei rund 630–640 m ü. NN, also etwa 30–40 m höher.

Südlich Alia biegt der Guadalupejo vor den Rañas de las dos Hermanas im rechten Winkel nach Süden ab. Aus der Engtalstrecke im Schiefer fließt er in die weite **Ausraumzone** weicherer Sedimentgesteine des Tertiärs. In einem breit angelegten Hochwasserbett verläuft er jetzt in einzelnen Armen anastomisierend. Mit etwa 2–3 m erhebt sich hier die unterste Terrasse über dem rezenten Fluß (Abb. 10). Auf einem Schotterkörper ist ein Feinsediment abgelagert, vergleichbar mit unseren mitteleuropäischen Auelehmen. Diese Terrasse wird heute intensiv ackerbaulich genutzt, teilweise durch Getreide- oder Weinanbau, teilweise durch Gartenkulturen.

Entsprechend der 20–30 m Verebnung im Schiefer südwestlich Alia findet sich auch hier bei 20 m eine Terrasse (Abb. 10), die weiter nach Süden auf eine Höhe von 10–15 m über dem heutigen Fluß absinkt (Abb. 11). Ihre Sedimentdecke wandelt sich vom Oberlauf bei Alia bis zum Unterlauf bei Almanza. Bei Alia weist sie noch einen sehr hohen Schieferanteil auf. Diese Schiefergerölle sind stark verwittert und lassen sich zwischen den Fingern zerreiben. Die Matrix zeigt eine grau-grüne Färbung und ist kalkhaltig oder teilweise von Kalkbändern durchzogen. Diese Schotter kommen auch in den kleineren Ausbuchtungen an den Seiten der Rañas vor. Ein Hinweis dafür, daß die Rückverlegung der Raña-Hänge seit der Bildung dieser Terrasse nicht mehr wesentlich fortgeschritten ist.

Weiter südlich geht der Schieferanteil zugunsten des Quarzitanteils mehr und mehr zurück. Während im Oberlauf lediglich der Schieferausraum um Alia mit seinem stark klüftigen und durch seine Spaltbarkeit leicht verwitterbaren Gestein als Lieferant in Frage kam, bringen weiter südlich die kleineren Wasserrisse und Arroyos mehr und mehr Quarzitgestein aus den Rañas in den Sedimentkörper der Terrassen ein. Die Schiefergerölle dagegen sind durch die Transportbeanspruchung fast vollständig zerstört. Auch in der Matrix überwiegen gelbe lehmige Sande aus umgelagerten Miozänsedimenten.

Der Denudationsterrasse im Oberlauf bei Alia in 50 bis 60 m Höhe entspricht weiter südlich eine Akkumulationsterrasse in 70–75 m relativer Höhe, die nach Süden auf 40–50 m über den heutigen Wasserspiegel absinkt. Während sie im Oberlauf relativ schmal ausgebildet ist, nimmt ihre Ausdehnung nach Süden hin beachtliche Ausmaße an. Dabei steigt die Höhe im Talquerprofil von 40 m bis auf 60 m an (Abb. 11). Sie ist hier durch einen „**sekundären Hangschleppeneffekt**" umgestaltet, auf den im folgenden noch näher einzugehen ist (vergl. Kap. 2.4.2.1). Zu Lasten der höheren Terrassenniveaus ist es in den weichen Miozänablagerungen zu einem flächenhaften Abtrag und zu einer ausgeglichenen Hangschleppe gekommen. Lediglich durch die Schotterkonzentration in 40–50 m über dem Flußbett kann die Lage der Terrasse rekonstruiert werden. Auf weiten Teilen trägt diese Terrassen-Schleppe eine Hangschuttdecke, in die teilweise Schotter eingelagert sind. An einigen Stellen ist diese Schotterdecke durch eine Kalkkruste verfestigt (Photo 8, Abb. 11). Diese Terrasse ist von einzelnen Wasserrissen, die mit ihrem Bett auf die Niederterrasse des Guadalupejo eingestellt sind und sich etwa 2 m in ihr Schotterbett eingetieft haben, stark aufgelöst. Sie werden heute an vielen Stellen durch Erdwälle künstlich aufgestaut, um damit die Felder und Wiesen der 40 m-Verebnung zu bewässern.

Auch die Verebnungen von 80–100 m und die von 140–150 m südwestlich Alia setzen sich entlang des Guadalupejo nach Süden weiter fort. Sie sinken lediglich in ihrer relativen Höhe zu den kleineren Arroyos leicht ab, von 90 m auf ca. 60 m und von 130–140 m auf 70 m rel.

Nordwestlich Castilblanco weitet sich das Tal des Guadalupejo bei der Einmündung des Rio Silvadillo zu einem breiten **Becken** aus (Photo 9). Hier wird die 10 bis 15 m und die 40–50 m-Terrasse durch zahlreiche Wasserrisse zergliedert und teilweise in einzelne Kuppen aufgelöst. Ihre relativen Höhen bleiben jedoch im wesentlichen erhalten.

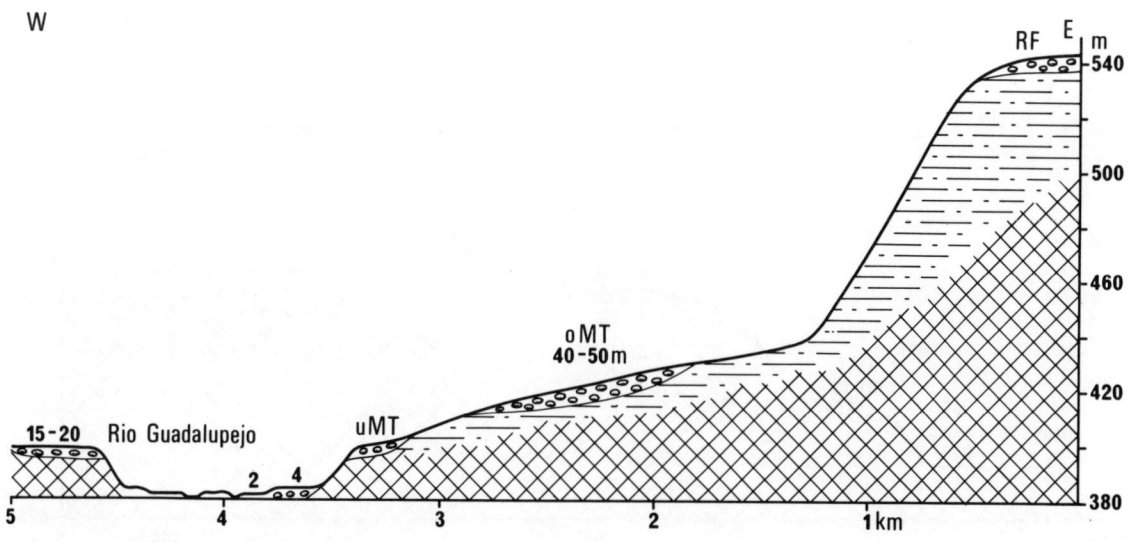

Abb. 11 Profil der Terrassen am östlichen Hang des Rio Guadalupejo östlich Almanza.
Lokalität 49 (HW 527,8 / RW 472,7)

So konnten nördlich Castilblanco in einem Seitental, dem Arroyo de Santiago (Beilage 1), folgende Terrassen festgestellt werden (Abb. 12):

Der rezente Arroyo ist etwa 2–3 m in einen Schotterkörper eingeschnitten, dessen Matrix aus einem humosen Material besteht, vergleichbar mit einem mitteleuropäischen Auelehm. Darüber befindet sich in 10–15 m eine schmale Verebnung mit Schotterbedeckung. Sie geht mit einer relativ steilen Stufe in eine breit ausgelegte 30–40 m rel. Terrasse über, deren Schotter in den oberen Teilen auskeilen und in der miozäne Lehme zutage treten. Oberhalb sind noch zwei weitere Schotterkörper auf Hangleisten in 60 m und 70 m rel. über dem Arroyo nachweisbar. Sie sind mit den schmalen Terrassenresten in den Seitenbächen des Rio Gargaligas vergleichbar.

Westlich Castilblanco fließt der Guadalupejo nicht mehr in Tertiärsedimenten, sondern er tritt ein in ein Gebiet, in dem **paläozoische Schiefer** anstehen (Abb. 4). Nach dem breiten Tal zwischen den Rañas schneidet er sich hier in eine Engtalstrecke ein. In vergleichbarer Höhe mit dem 40–50 m-Niveau weiter nördlich Castilblanco lassen sich hier in den Schiefern in 410–420 m ü. NN ausgedehnte Verebnungen ohne Schotterbedeckung feststellen (Beilage 1). Dabei handelt es sich entweder um eine ältere **Verwitterungsbasisfläche** oder aber um eine Denudationsterrasse, die mit der 40–50 m-Terrasse syngenetisch ist (Photo 10). Da beim Übergang zum Guadiana diese Verflachung fast höhengleich mit der 80 m-Terrasse ist, erscheint das letztere als wahrscheinlich.

Der Verlauf des Guadalupejo in diesem Bereich deutet ähnlich wie beim Guadiana auf eine **epigenetische Einschneidung** hin. Er verläßt hier die Talweitungen zwischen den Rañas in weichen, miozänen Sedimenten und schneidet sich in die langsam nach Süden ansteigenden Schiefer ein (Photo 10).

Eine ähnliche Abfolge der Verebnungen wie am Guadalupejo weisen auch die Talflanken des Rio Silvadillo auf (Tab. 1, Abb. 13). Sie sind besonders deutlich an den Hängen der Mesas de la Raña und den Mesas del Pinar ausgebildet (Beilage 1).

Der Rio Silvadillo fließt hier in einem breiten Schotterbett etwa 1,5–2 m in die unterste Terrasse eingetieft (Photo 11). Die nächst höhere Verebnung von 12–14 m rel. läßt sich nicht nur an den Hängen der Rañas ausmachen, sondern nimmt auch große Teile der Talweitung südlich der Mesas del Pinar am Arroyo de la Trinidad und am Arroyo de Valdeazores ein. In einer Höhe von 480–490 m ü. NN ist auch hier das 40 m-Niveau sehr deutlich ausgebildet (Photo 12). Südlich der Mesas del Pinar fehlt es jedoch fast ganz. Ebenso wie an den übrigen Flußsystemen sind auch hier die höheren Terrassen nur sehr schlecht erhalten. So ist ein Schotterkörper in einer relativen Höhe von rund 80 m und ein zweiter in etwa 130 m über dem Rio Silvadillo anzutreffen. Sie sind auf den Riedeln als Verflachung und an den Hängen als schmale Leisten wiederzufinden.

2.3.3 Die Morphologie der Rañas südlich der Sierra Guadalupe

Oberhalb der rezenten Flüsse mit ihren vorzeitigen Terrassensystemen sind am Fuß der Sierra de Altamira und der Sierra de las Villuercas breite, locker verbundene Flächenreste, die Rañas, ausgebildet (Beilage 1), in einer sehr typischen und gut ausgeprägten Form mit der charakteristischen **Fanger-Decke**.

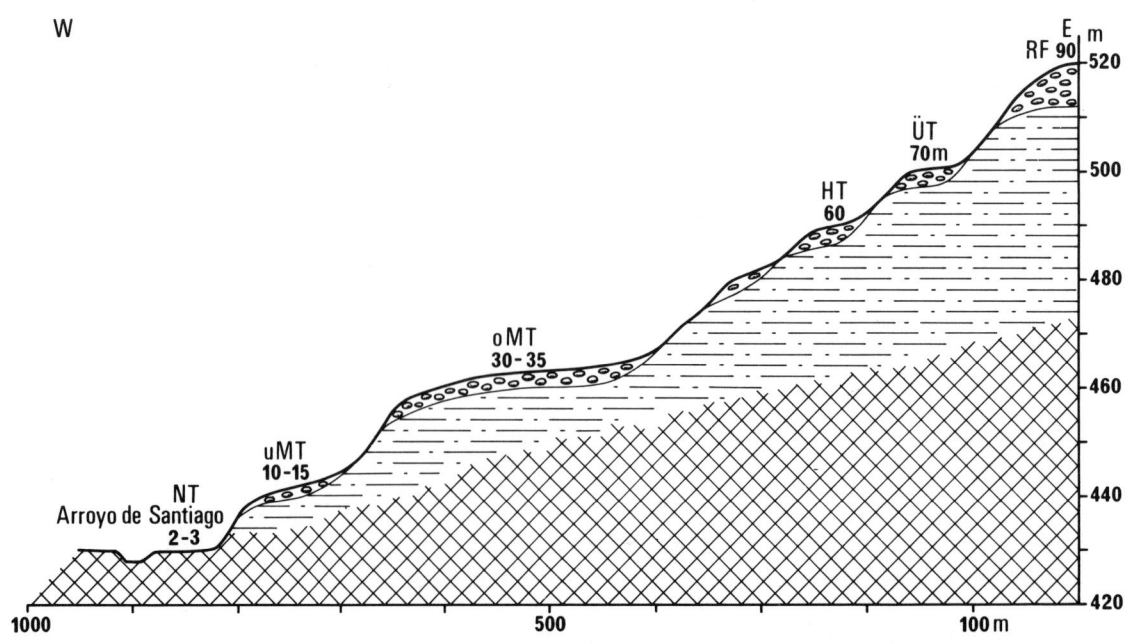

Abb. 12 Profil der Terrassen am Arroyo de Santiago, einem Zufluß des Rio Guadalupejo nördlich Castilblanco.

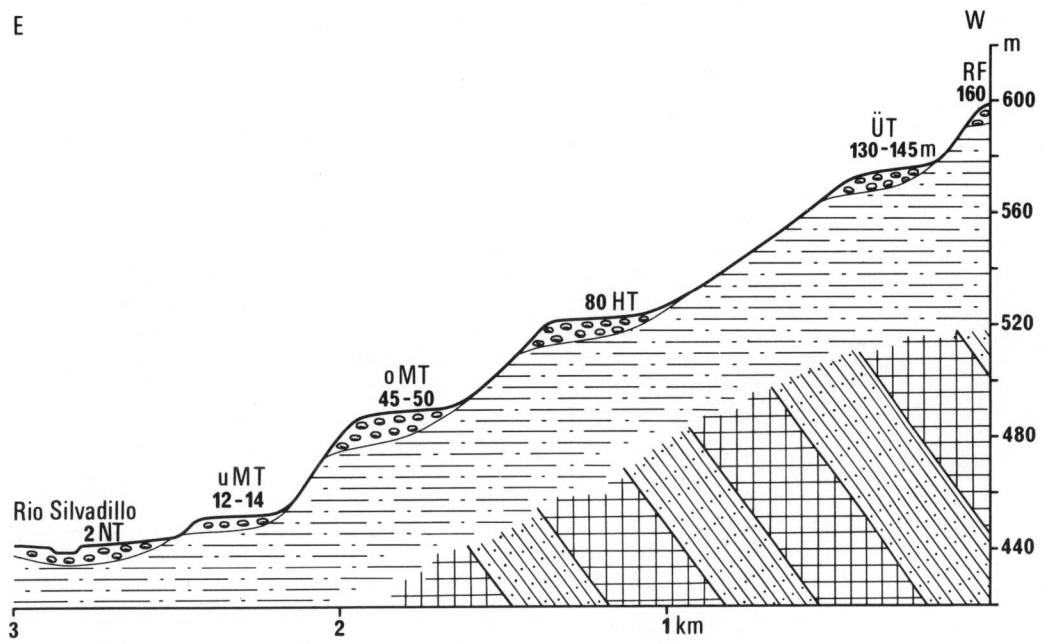

Abb. 13 Profil der Terrassen am Rio Silvadillo bei den Casas de Gargantillas.
Lokalität 40 (HW 532,4 / RW 464,2)

In die Untersuchung wurden vorwiegend die Rañas einbezogen, die im Vorfeld des Ruecas- und des Guadalupejo-Tales sowie südöstlich von Guadalupe am Arroyo Guadarranque weite, schwach geneigte Verebnungen einnehmen. Es sind die Mesas de la Raña, die Mesas de Sotillos, la Raña de Cañamero, la Raña Valdelavieja und las Rañas de las dos Hermanas.

In diesem Arbeitsgebiet sind die Flächen zum großen Teil von Quarzitkämmen, die sie überragen, durch Einschneidung der Flüsse abgetrennt.

Die Mesas de la Raña südlich des Puertollano werden durch einen Steilabfall von 150–160 m zum Rio Ruecas von der Talpforte abgetrennt. Der Grund ist die geologische Struktur (Abb. 4). Hier setzt sich der Quarzitzug von Valdecaballeros unter den Rañas nach NW fort und tritt in der Sierra de Pimpolar und der Sierra de Belen wieder in Erscheinung.

Während der **epigenetischen Eintiefung** des Rio Ruecas traf der Fluß auf die ordovizischen Quarzite und Schiefer, die die NW-exponierte Steilflanke am Knickpunkt des Flusses bilden, und wurde so, einer tektonischen Bruchlinie folgend, in südwestlicher Richtung abgelenkt.

Die Mesas de Sotillos und die Mesas del Pinar werden durch den Rio Silvadillo und den Rio Guadalupejo hinterschnitten. Lediglich die Hänge des Collado Martin Blasco gehen kontinuierlich in die Flächen der Rañas über.

Weiter im Osten werden die Rañas de las dos Hermanas von den 838 m hohen Ausläufern der Sierra de Altamira überragt. Hier taucht der Gebirgszug unter die Sedimentdecke der Rañas ab (Photo 13, Abb. 14, 15).

Die heutigen Oberflächen der untersuchten Rañas zeigen südlich der Sierra de Guadalupe in etwa die gleichen absoluten Höhen. So setzen die Mesas de la Raña in rund 645 m ü. NN südlich des Collado Martin Blasco an und dachen mit ca. 0,9 % bis auf 516 m ü. NN, bzw. 518 m ü. NN in einzelne Fächer aufgelöst nach SW bis SE ab.

Zwischen dem Rio Ruecas und dem Rio Cubilar, westlich der Straße Villanueva de la Serena, befindet sich in 445 m ü. NN noch ein kleiner ausliegender Flächenrest der Rañas im Bereich der Dehesa de Tortilejo. Bei einem Höhenunterschied von 200 m und einer Distanz von 21,5 km bis zum Beginn der Rañas ergibt sich ebenfalls ein Gefälle von 0,9 %. Aus dem Isohypsenbild der topographischen Karten wird die Geländebeobachtung, daß die Rañas südlich des Puertollano eine **kegelartige Oberfläche** haben, zusätzlich bestätigt (Abb. 16). Vergleicht man etwa auf den einzelnen Riedeln die Umknickpunkte der jeweiligen Isohypsen, so stellt man fest, daß sie immer auf konzentrischen Kreisen liegen, deren Mittelpunkt an der Ruecas-Talpforte am Puertollano liegt. So beträgt die Aufwölbung im oberen Teil des Kegels etwa 20 m auf 5 km, weiter südlich verringert sie sich auf 20 m auf 8 km. Das entspricht einem Krümmungsradius von ca. 400 km bzw. 156,26 km. Diese Rekonstruktion des unzerteilten Raña-Fächers (Abb. 16) gibt den Beweis, daß die Rañas in dem hier beschriebenen Bereich aus dem Tal des Ruecas ins Vorland geschüttet wurden. Bei den übrigen untersuchten Rañas sind solche symmetrischen Kegel nicht mehr so gut erhalten bzw. ursprünglich nicht so gut ausgeprägt gewesen. Ursache dafür sind das Präraña relief und die es überragenden Quarzitkämme im Vorland, die eine so gleichförmige Ausbildung verhinderten.

Die **Neigung** der Oberfläche der Rañas bleibt bis dicht an den Rand der Sierren mit 0,8–1 % nahezu konstant.

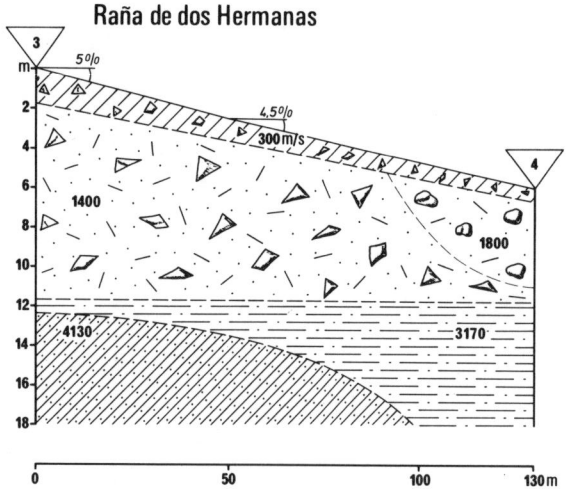

Abb. 14 Seismik-Profil aus dem Übergangsbereich des Hanges zu den Rañas de las dos Hermanas. Wie die Laufzeiten zeigen, ist am Hang bei Punkt 3 das Anstehende erreicht. Darüber lagert eine mächtige Schuttschleppe und eine Hangschuttdecke. An Punkt 4 wird der feste Fels nicht mehr erreicht. Hier setzen bereits die Rañas ein, die von der Hangschuttdecke überlagert werden.
Punkt 3: Lokalität 36 (HW 537,1 / RW 476,2)

Erst in der Nähe der Quarzitzüge östlich des Collado Martin Blasco steigen die Flächen mit 2% und mehr zum Gebirge an. Auf den Rañas de las dos Hermanas, die noch einen direkten Übergang zu den Bergen haben, konnte ein solcher Anstieg nicht festgestellt werden. Dieses Phänomen scheint eine Besonderheit am Collado Martin Blasco zu sein. Wie die Ergebnisse der Refraktionsseismik gezeigt haben, wird das Sedimentpaket der Rañas am Gebirgsfuß nicht mächtiger, sondern es weist bereits an seiner Untergrenze diese Neigung auf (Abb. 17, 18). Das läßt den Schluß zu, daß nach der Ablagerung der Rañas noch tektonische Bewegungen stattgefunden haben, die jedoch vorwiegend lokal begrenzt waren. Hier z. B. zwischen den Rañas östlich des Collado Martin Blasco und den Mesas de Sotillos konnten geringfügige Unterschiede im Meter-Bereich gemessen werden. Im übrigen aber haben die Flächen heute entsprechend der Basisdistanz vom Gebirge die gleiche Höhenlage.

Die Mesas del Pinar haben eine maximale Erhebung von 621 m ü. NN. Aufgrund der Zerschneidung ihrer Fläche durch die Seitenbäche des Guadalupejo und des Arroyo del Enjambradero ist der nördliche Teil etwas tiefer gelegt als der südliche. Die Rañas östlich des Rio Guadalupejo sind in ihrer absoluten Höhe etwa 10 m niedriger als die westlich des Flusses. In ca. 617 m ü. NN setzen sie vor dem Tal des Guadarranque am Fuß der Cortijo de la Mina an und haben bis Castilblanco mit 15 km ihre weiteste Erstreckung nach Süden. Ihre Oberflächenneigung beträgt 0,7–0,8%, und die Oberfläche sinkt bis auf 501 m ü. NN ab. Diese Absenkung im Vergleich zu den weiter im Westen gelegenen Rañas deutet wieder darauf hin, daß es lokal noch leichte tektonische Bewegungen gegeben hat. Denn die Entwässerung erfolgte bereits zur Raña-Bildungszeit durch den Guadiana nach Westen (HERNANDEZ-PACHECO, 1928), wenn auch der Fluß zu der Zeit einen etwas anderen Verlauf genommen haben mag.

Drei verschiedene Raña-Niveaus, wie sie RAMIREZ (1952:389) im Gebiet südlich der Sierra de Guadalupe festgestellt hat, konnten trotz intensiver Geländebeobachtungen nicht gefunden werden, da Ortsangaben seitens des Autors fehlen. RAMIREZ (1952) beschreibt eine Verebnung in 620–640 m ü. NN und davon deutlich abgehoben eine Fläche in 500–540 m ü. NN. Die einzige Lokalität, an der solche Höhenverhältnisse anzutreffen sind, liegt zwischen den Casas de Gargantilas und dem Collado Martin Blasco. Falls sie nicht auf tektonische Bewegungen, vertikale Verwerfungen, zurückzuführen sind, wie schon für dieses Gebiet vermutet wurde, so scheint eine nachträgliche Erniedrigung durch **seitliches Verschneiden** möglich; denn die Rañariedel sind hier sehr schmal (Abb. 19). Durch seitliche Einschneidung der Arroyos kommt es nämlich häufiger zu einer **Tieferlegung** der äußeren Teile der Flächen, und es entsteht der Eindruck einer zweiten Rañafläche. Die Sedimentdecke ist jedoch, wie zahlreiche Wasserrisse zeigen, wesentlich dünner und besteht aus verlagertem Rañamaterial.

Die heutige **Verbreitung der Rañas** läßt vermuten, daß sie ursprünglich eine wesentlich größere Ausdehnung hatten. So finden sich etwa westlich Castilblanco in ca. 480 m ü. NN kleinere Kuppen mit der charakteristischen Sedimentdecke. Oder es ist, wie schon erwähnt, zwischen dem Rio Cubilar und dem Rio Ruecas in 445 m ü. NN noch ein Plateau-Rest erhalten. Diese Verebnungsreste lassen sich, bei einem gleichsinnigen Gefälle von Norden und Nordwesten, zu einer Fläche mit den Rañas nördlich des Gargaligas rekonstruieren.

Die geologische Karte 1 : 200 000 Villanueva de la Serena, Blatt Nr. 60, weist zwischen dem Rio Gar-

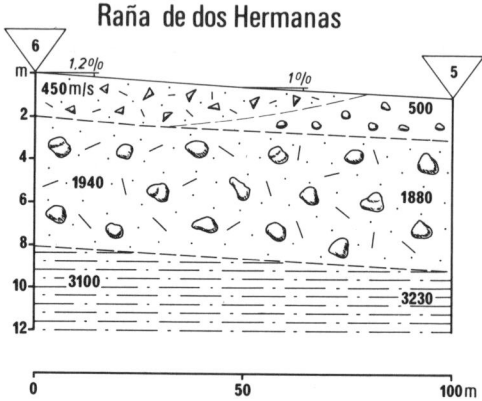

Abb. 15 Punkt 6 liegt 300 m von Punkt 4 entfernt bereits auf den Rañas über miozänen Sedimenten oder Verwitterungsdecken. Die Differenzierung von Hangschutt und Raña-Fangern wurde durch Lesesteine belegt, zugehörige Laufzeitdiagramme siehe Abb. 68.
Punkt 5: Lokalität 38 (HW 536,6 / RW 476,3)

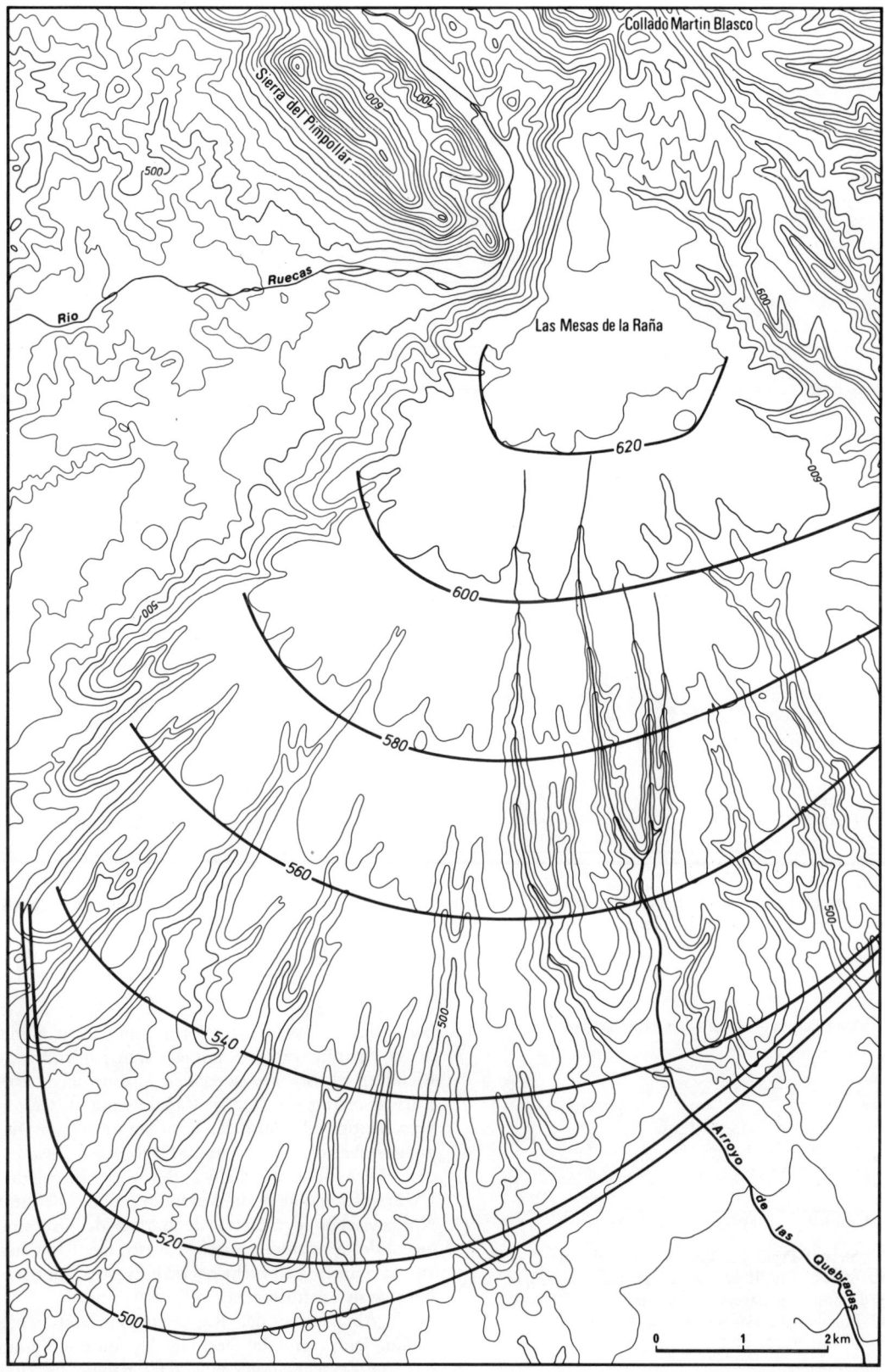

Abb. 16 Schüttungskegel vor der Talpforte des Rio Ruecas. Die Isohypsen stellen die Enveloppe (Hüllfläche) der Rañas dar. Der Kegel ist asymmetrisch, da der Transportvorgang nach Osten durch einen Quarzithärtling abgeblockt wurde.

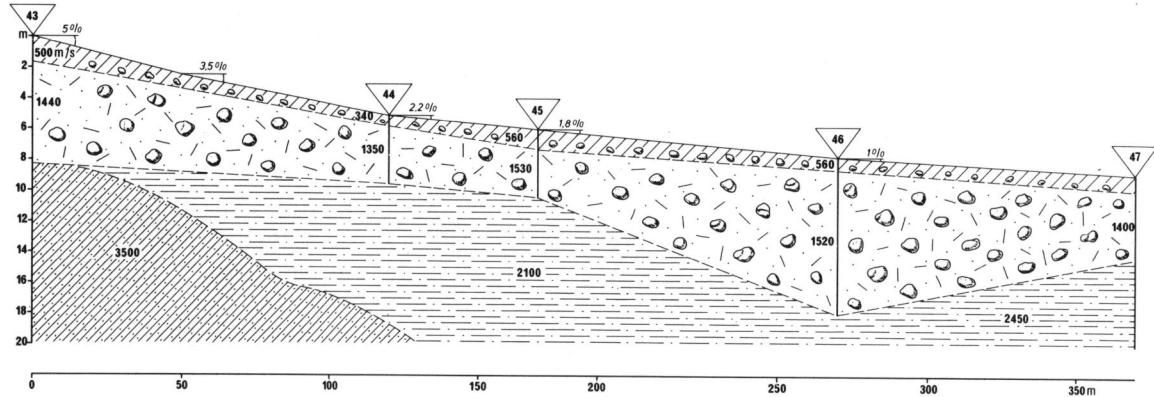

Abb. 17 Seismik-Profil der Rañas am Fuß des Collado Martin Blasco. Das Profil wurde in Gefällsrichtung der Oberfläche gemessen (NW–SE).
Punkt 43: Lokalität 41 (HW 530,7 / RW 460 / 35)

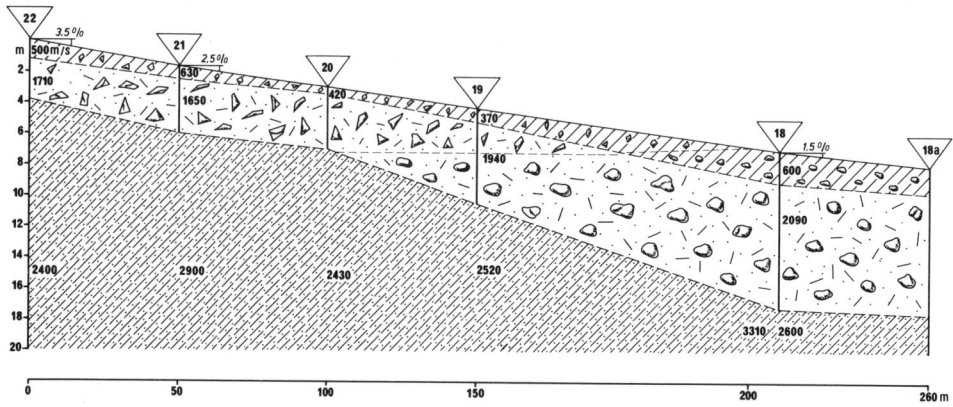

Abb. 18 Seismik-Profil des Übergangs vom Hang des Collado Martin Blasco zu den Rañas über verwittertem Quarzit. Die Variation der Geschwindkeiten im Untergrund deutet auf eine inhomogene Verwitterungsrinde hin.
Punkt 22: Lokalität 39 (HW 531,6 / RW 462,5)

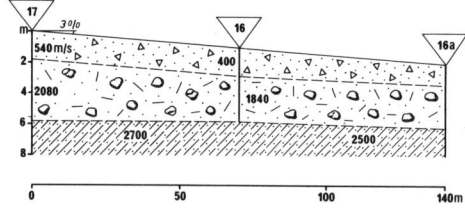

Abb. 19 Seismik-Profil auf dem Raña-Riedel bei den Casas de Gargantillas. Die Rañas sind randlich abgetragen und versteilt, die Basis liegt dagegen horizontal.
Punkt 17: Lokalität 42 (HW 530,9 / RW 462,4)

galigas und dem Rio Guadiana zusätzlich noch Rañas aus. Ihre Höhenlage schwankt zwischen 360–420 m ü. NN. Im Gegensatz zu den Verebnungen nördlich des Rio Gargaligas neigen sich diese Flächenreste bei Navavilar de Pela nach Norden und nicht zum Guadiana, der nur wenige Kilometer weiter in südwestlicher Richtung fließt. Es ist daher anzunehmen, daß die **Entwässerung** zur Zeit der Rañabildung weiter nördlich vom heutigen Verlauf des Guadiana erfolgte. Die Neigungsverhältnisse der Raña-Flächenreste deuten auf eine Tiefenlinie im Gebiet des Rio Gargaligas hin. Dafür sprechen auch die Verebnungen in 440–460 m ü. NN zwischen der Sierra de Barbas de Oro und der Sierra del Manzano, zwischen denen der Rio Guadiana zur damaligen Zeit nicht nach Südwesten, sondern nach Nordwesten geflossen ist.

Nach Ablagerung der Rañas im Vorland der Sierra de Guadalupe und der Sierra de Altamira muß unmittelbar die Zerschneidung eingesetzt haben, da ein Zwischenprozeß nicht nachweisbar ist. Charakteristisch für die Auflösungsformen ist die gleichmäßige fingerförmige Zerriedelung der Flächen.

Die heutige **Gestalt der einzelnen Talzüge** hat folgenden Charakter: Sie beginnen mit flachen, muldenartigen, langgezogenen Vertiefungen auf den Flächen. Ihr Gefälle verläuft parallel zu der Oberfläche der Rañas. Die Tiefenlinien der Entwässerungsbahnen sind so flach, daß nach längeren Regenperioden das Wasser nur sehr langsam abfließt und es zur Bildung ausgedehnter Lagunen kommt.

Die Fließgeschwindigkeit des Wassers in diesen Mulden ist gering und dementsprechend auch ihre Erosionsleistung. Erst an der Stelle, wo die Raña-Decke durchschnitten ist, kommt es zu einer plötzlichen erosiven Eintiefung und zur Bildung steiler Kerbtäler. Die Tiefenlinie bekommt ein flach-konkaves Längsprofil mit einem Steilanstieg zum Talschluß. Die Wasserführung nimmt während der Regenperioden von dieser Stelle an sprunghaft zu, und noch bevor die Arroyos die umgebenden Raña-Riedel verlassen, bilden sie breite Sohlentäler mit steilen Hängen, die rezent überschüttet werden (Photo 14). Diese Gestalt der Flußoberläufe ist bedingt durch die Zusammensetzung und durch den Aufbau der **Raña-Matrix** sowie durch den Untergrund.

Die obere Schicht der Rañas ist in der Lage, sehr viel Wasser zu speichern. So kommt es während der Herbst- und Winterregen auf den Flächen nur im Bereich künstlicher Bodenverdichtung, etwa auf Wegen, zu stärkeren Verspülungen und Erosionsschäden. Die ausgedehnten Flächen dagegen, die häufig gepflügt sind, zeichnen sich im oberen Teil des Sedimentpaketes bis zu 2 Meter durch eine hohe Wasserkapazität aus. Die Korngrößenanalysen der Rañaprofile belegen diese Beobachtungen, z.B. 77/1e oder 75/16 (Abb. 20, 21).

Während der Frühjahrsregen konnte so ein oberflächennaher **Grundwasserspiegel** festgestellt werden, der nur um wenige Zentimeter tiefer lag als die Landoberfläche. Zahlreiche Brunnen und Wasserlöcher, die keinen Zufluß durch kleine Gerinne haben, waren bis zum Rand gefüllt. Erst wenn die Kapazität der oberen Raña-Schichten erschöpft ist, tritt oberflächlicher Abfluß in den Tiefenlinien ein.

Entlang der in die Flächen tief eingeschnittenen Kerbtäler tritt dieses Grundwasser in vielen kleinen Wasserrissen aus und läßt die Arroyos anschwellen. Besonders zahlreich sind solche Wasseraustritte an den Stirnflächen der Rañas und im Oberlauf der Täler, wo die Mulden sich in die Flächen eintiefen. Diese Verteilung läßt folgende Vermutung zu (Abb. 22):

– Auch die **Rañabasisfläche (RB)** hat ein Gefälle in Richtung der heutigen Landoberfläche.
– Diese Grenzfläche ist **keine Ebene,** sondern besitzt Tiefenlinien, entlang derer das Stauwasser fließt und vor allem im Bereich der Stirn der Raña-Riedel an der Diskordanz austritt.

Für diese Annahme sprechen noch weitere Indizien, die im Kap. 3.2.3 näher erläutert werden.

2.4 Der Formenschatz im Bereich des Tajo südlich Talavera de la Reina

2.4.1 Die geologischen Verhältnisse

Um bei der Interpretation der Reliefgenerationen der Montes de Toledo von lokalen Bedingungen der Epirovarianz, Tektovarianz oder Basisdistanzvarianz unabhängige Ergebnisse herausstellen zu können, war es erforderlich, ähnliche Formengesellschaften nördlich der Sierrenkette mit in die Untersuchungen einzubeziehen. Zu diesem Zweck schien das Gebirge und sein

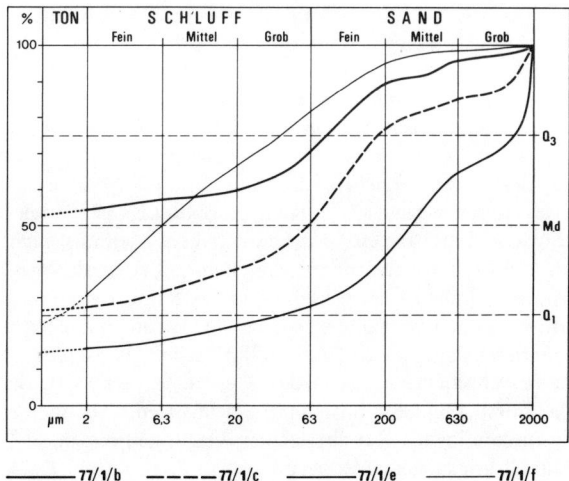

Abb. 20 Granulogramme der Rañamatrix im Profil nördlich Castilblanco (vgl. Abb. 33).
Lokalität 52 (HW 527,2/RW 477,9)
77/1b   sandiger Ton (So > 5,92)
77/1c   schluffiger Lehm (So > 10)
77/1e   toniger Sand (So = 6,12)
77/1f   sandig-toniger Lehm (So > 4,47)

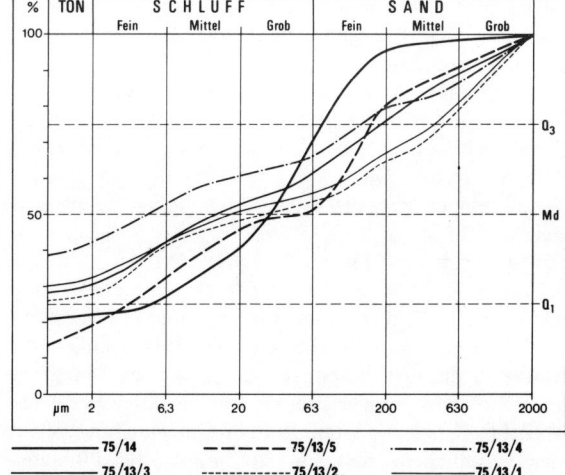

Abb. 21 Granulogramme der Rañamatrix und des miozänen Untergrundes,
Lokalität 56 (HW 523,35/RW 463,17)
75/13/1–5   Rañamatrix (vgl. Abb. 40)
75/14   miozäner Untergrund
            (Lokalität 62, HW 518,2/RW 542,1)

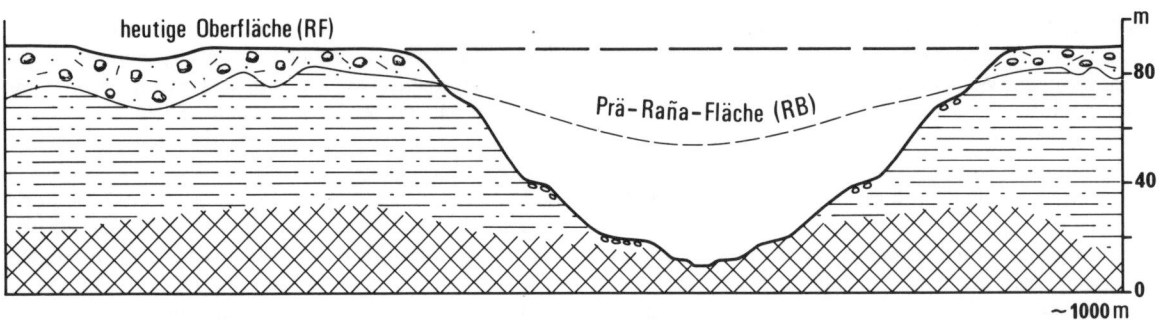

Abb. 22 Rekonstruktion der ehemaligen Raña-Basis. Die heutigen Talzüge waren bereits auf der Prä-Raña-Fläche als Mulden ausgebildet, in denen sich nach Ablagerung der Rañas das Grundwasser sammelte.

Vorland im Bereich der Montes de Toledo südlich Talavera de la Reina (Abb. 1) gut geeignet. Im Gegensatz zu den geologischen Verhältnissen südlich der Sierra de Guadalupe sind die Formationen hier vielgestaltiger.
Die geologische Kartierung von ESCORZA & ENRILE (1972) weist fünf große stratigraphische Einheiten auf (Abb. 5). Die überragenden Gebirgsketten bestehen aus **ordovizischen** und **silurischen** Gesteinen, vornehmlich Sandsteinen, Schiefern und **armorikanischen Quarziten**.
Im Vorland tritt der Sockel an die Oberfläche mit **Migmatiten, Gneisen, Granodioriten** und **Schiefern**. Sie bilden den basalen Untergrund der paläozoischen Serien des herzynischen Massivs der Montes de Toledo.
Die Grenze zu den jüngeren Formationen zeichnet sich durch zahlreiche NNE-SSW verlaufende Bruchsysteme aus, die von ESCORZA & ENRILE (1972) beschrieben wurden.
Die mesozoischen Formationen werden vor allem von kretazischen Konglomeraten, Sanden und Tonen gebildet. Sie wurden von APARICIO (1971) analysiert. Im Untersuchungsgebiet tauchen sie nur im äußersten Südosten bei San Martin de Pusa auf. Sie sind jedoch für die petrographische Zusammensetzung der Terrassensedimente von Tajo und Pusa von großer Bedeutung.
Nördlich Santa Ana de Pusa steht das Basisgestein an, das aus quarzitischen Konglomeraten besteht, deren Grobkomponenten einen Durchmesser von maximal 7 cm aufweisen. Diese Quarzite sind in eine sandige Matrix eingebettet, die durch ihren hohen Kalkgehalt weiß gefärbt ist.
Ein Blick auf die geologische Karte (Abb. 5) zeigt, daß der größte Teil des Terrains zwischen den Sierrenketten und dem Rio Tajo von **miozänen Sedimenten** bestimmt wird. Auf ihnen liegen die jüngeren Ablagerungen der Rañas, in die sich die Flüsse Rio Gebalo, Rio Sangrera und Rio Pusa eingeschnitten haben. ESCORZA & ENRILE (1972) konnten in dem Untersuchungsgebiet vier verschiedene miozäne stratigraphische Einheiten untergliedern, die durch einen Wechsel der Fazies charakterisiert sind. Sie unterscheiden sich in ihrer Zusammensetzung erheblich von den tertiären Ablagerungen südlich der Sierra de Guadalupe, da sie aus einem Teil der Montes de Toledo stammen, dessen Sockel aus Graniten, Gneisen und Granodioriten besteht, die im Gebiet um Guadalupe nicht zu finden sind.

Die unterste Schicht besteht aus horizontal gelagerten weichen Sandsteinen, in die einzelne Quarzitbrocken, Granite und Migmatite eingelagert sind.
Die Körnung der Sande hat einen Durchmesser von 1–2 mm und besteht vornehmlich aus weißen Feldspäten, Quarzitkörnern und einem geringen Prozentsatz von Muskovit und Biotit, den typischen Verwitterungsprodukten des Granit. Diese Sande sind häufig in eine tonige Matrix eingebettet.
Dieses Sediment ist im Bereich des Tajo in einer Mächtigkeit bis zu 80 m aufgeschlossen. Es zeichnet sich durch eine sehr hohe Standfestigkeit aus und bildet an den Prallhängen des Tajo steile Wände (Photo 15).
Die darüberlagernde stratigraphische Einheit hebt sich vor allem durch ihre Korngröße ab. Es sind schluffigtonige Ablagerungen, die größere karbonathaltige Partien aufweisen. Die ganze Schicht kann teilweise Mächtigkeiten von 40–50 m erreichen.
Vereinzelt tritt im Bereich des Tajo eine dritte Formation auf, die zahlreiche Tonbänder oder Tonlinsen enthält, in die Kalkkonkretionen eingelagert sind. Diese Schicht ist insofern bedeutsam, da in ihr Wirbeltierfossilien gefunden wurden, die eine zeitliche Einordnung in das jüngere Miozän, speziell in das Vindobon ermöglichen. Demgemäß müssen die beiden unterlagernden Sedimenteinheiten in das ältere Miozän datiert werden.
In den Randbereichen dieses miozänen Sedimentationsraumes weisen ESCORZA & ENRILE (1972) **tektonische Bruchzonen** nach, die sich ihrer Meinung nach an Schwächezonen und Bruchsysteme der variskischen und alpidischen Gebirgsbildung in den kambrischen und ordovizischen Gesteinen sowie den armorikanischen Quarziten anlehnen. Diese tektonischen Bewegungen haben anscheinend bis in das Miozän fortgedauert, da die ursprünglich horizontal gelagerten Sedimente besonders in den Randbereichen Neigungen bis zu 45° und Diskordanzen aufweisen.
Die Befunde deuten auf folgende **Dynamik** für die Genese der Sedimente hin:
Im Oligozän unterlagen die Gebirgsketten der Montes de Toledo, die in der variskischen und der alt- bis mittelalpidischen Ära herausgehoben wurden, einer intensiven Verwitterung. Insbesondere wurden dabei die grobkörnigen Eruptivgesteine Granit und Granodiorit auf-

bereitet. Danach muß es bei einer weiteren Heraushebung des Gebirges zu einer Klimaänderung mit einem Oberflächen-Abfluß gekommen sein. Gleichzeitig senkte sich das Grabensystem des Tajo und wurde zum Sedimentationsraum für den ausgespülten Grus. Das Vorhandensein einzelner größerer Gerölle in dem Basissediment deutet auf lokal stärkere Abflußgeschwindigkeiten hin. Im großen und ganzen aber fehlen gröbere Gerölle, da entweder die Verwitterung nicht ausreichte, um die dichteren metamorphen Gesteine, vor allem den dichten, armorikanischen Quarzit aufzubereiten, oder aber die Abflußverhältnisse waren so ausgeglichen, daß nur der Grus transportiert wurde. Letzteres erscheint wahrscheinlicher, da, wie die Verwitterung des Raña-Materials zeigt, zumindest einige Blöcke des sehr harten armorikanischen Quarzits hätten erhalten bleiben müssen.

Der gute Zustand der Mineralkörner, hauptsächlich der Feldspäte, die nur wenig abgerundet sind, spricht für einen relativ kurzen Transportweg der miozänen Grabenfüllung. Häufig läßt sich mit einfachen Mitteln noch deutlich der Kristallaufbau erkennen.

Im jüngeren Miozän ändern sich die Abflußverhältnisse. Durch den Abtrag der Gebirge und die Akkumulation in den Senkungszonen des Tajo und Guadiana verringert sich die Reliefenergie, und die Fließgeschwindigkeit nimmt ab.

2.4.2 Die Talsysteme und Terrassen

Heute wird das Arbeitsgebiet südlich Talavera de la Reina vom Rio Tajo und seinen Nebenflüssen Rio Pusa, Rio Sangrera und Rio Gebalo entwässert.

2.4.2.1 Der Rio Tajo

In einem weit nach Norden hin ausladenden Bogen umfließt der Tajo im Arbeitsgebiet die Quarzitkämme der Montes de Toledo. Mit etwa 30 km N-S-Erstreckung sind hier die **plio-pleistozänen Flächen** am Fuß der Gebirgsketten erhalten. Sie sind lediglich durch die Flußsysteme des Rio Pusa, Rio Sangrera und Rio Gebalo zerschnitten (Beilage 2).

Der Tajo hat sich über 100 m in diese Flächen eingetieft. Er fließt heute in einem breiten Sohlental, dessen Niederterrasse bei Talavera de la Reina 5 km Breite erreicht.

Wie die geologische Karte zeigt (Abb. 5), ist das Tal hier fast ausschließlich in Tertiär-Sedimenten angelegt, nur westlich Talavera de la Reina sind an der nördlichen Talflanke Granite angeschnitten.

Aufgrund des geringen Gefälles von 0,6% neigt der Fluß sehr stark zum Mäandrieren. Diese Mäander haben sich, wie das Kleinrelief der unteren Terrasse zeigt, im jüngsten Pleistozän und Holozän noch sehr stark verlagert und an den Hängen, in den miozänen Sanden, die älteren Terrassensysteme unterschnitten und Steilstufen mit Steilwänden von über 100 m hinterlassen (Photo 15). Aus diesem Grund sind heute die älteren Tajo-Terrassen nur noch auf einzelnen Riedeln, besonders im östlichen Teil des Arbeitsgebietes, als Verebnungen erhalten.

Aufgrund der schon erwähnten besonderen geologischen und tektonischen Verhältnisse erschien eine Aufnahme der Terrassen in diesem Bereich notwendig, um eventuelle Abweichungen oder Parallelitäten zu den geologischen und morphologischen Untersuchungen, die weiter oberhalb des Flusses um Toledo und Aranjuez durchgeführt wurden, zu ermöglichen.

Erste Untersuchungen des Flußsystems des Tajo sind von PEREZ DE BARRADAS (1920) aus der Gegend von Toledo bekannt. ARANEGUI (1927) hat die quartären Terrassen des Tajo von Aranjuez (Madrid) bis Talavera de la Reina untersucht. Er stellt entlang des Flusses vier Terrassenniveaus in unterschiedlicher Höhe fest (Tab. 2).

Südlich Talavera de la Reina hat sich der Fluß etwa 1,5 m in sein Hochwasserbett eingeschnitten; ca. 20 m vom Ufer entfernt tritt eine Geländestufe von 7 m Höhe auf, und in rund 390 m ü. NN findet man eine weitere Verebnung, die 30 m über dem Fluß liegt.

Die Fläche in 509–510 m ü. NN hat ARANEGUI zwar erwähnt, jedoch nicht als Terrasse angesprochen. Die Untersuchungen der Terrassen wurden später für die Region von Toledo durch ALIA (1944–45) und MARTIN AGUADO (1963) ergänzt. Sie fanden fluviatile Sedimente des Tajo in 17 m, 35–40 m, 52 m, 86 m und 130 m Höhe. Auch hier konnte eine Verebnung in 160 m über dem Fluß festgestellt, aber genetisch und zeitlich nicht geklärt werden.

Besonders die höheren Terrassen konnten bisher nicht genau bestimmt und abgegrenzt werden, da sie aufgrund ihres Alters häufig stark überformt sind. Ihre Schotterbedeckung ähnelt in ihrem Habitus den Fangern der darüberlagernden Rañas.

Hauptgegenstand unserer Untersuchungen ist eine **Differenzierung dieser Terrassen.**

Südlich und östlich Talavera de la Reina sind, wie erwähnt, die mittleren Terrassenniveaus durch Unterschneidung der miozänen Talflanken durch den Tajo weitgehend aufgezehrt. Es finden sich hier in den Wasserrissen nur noch einzelne Verebnungsreste.

Der Fluß fließt ca. 1–2 m in seinem **Schotterbett (HW)** eingetieft. Da dieses regelmäßig während der Herbst- und Frühjahrsregen überflutet wird, ist es weitgehend vegetationsfrei.

Mit einer deutlichen Stufe von etwa 5 m, also 7 m über dem Fluß, erhebt sich eine Terrasse, die heute durch intensiven Bewässerungsfeldbau genutzt wird. Das Sediment besteht fast ausschließlich aus schluffigen Sanden, die häufig in ihrer gesamten Mächtigkeit humos sind. Vereinzelt treten Feinkieslagen auf. Es kann nicht eindeutig entschieden werden, ob diese Terrasse heute noch episodisch vom Tajo überflutet wird, da durch die Staudämme in den letzten Jahrzehnten das Abflußregime reguliert und ausgeglichen wurde. Es konnte jedoch festgestellt werden, daß bei Starkregen die miozänen Sande aus den Wasserrissen herausgespült werden und sich deltaförmig über diese

Tajo bei Toledo			Tajo bei Talavera			Tajo-Talavera	Sangrera	Pusa	Bezeichnung
ALIA 1944-45	AGUADO 1963	YAGUE 1971	PACHECO 1928	ESCORZA 1972	ARANEGUI 1927				
		160 m				135–140 m	80–90 m	100–110 m	Übergangs-terrasse (ÜT)
130 m			100 m	510 m ü. NN		110–120 m		85 m	obere Hochterrasse (oHT)
86 m	86 m			460 m ü. NN		70–80 m		65 m	untere Hochterrasse (uHT)
52 m			50 m			50–55 m	35–40 m / 45–50 m	40–42 m	obere Mittelterasse (oMT)
	35–40 m		30 m	430 m ü. NN	30 m	20–25 m	20–25 m	18–20 m	untere Mittelterrasse (uMT)
17 m	17 m		12 m	415 m ü. NN		10–12 m		7 m	obere Niederterrasse (oNT)
					7 m	4–7 m	3–5 m	4 m	untere Niederterrasse (uNT)
					1,5 m	1,5 m	1,5 m	1–2 m	Hochwasserbett (HW)

Tab. 2 Vergleich der Terrassen im Untersuchungsgebiet bei Talavera de la Reina

Verebnung ergießen. Die Folge ist eine kegelartige Aufschüttung auf diese Terrassenfläche in ihren hangwärtigen Partien, die aus sandigem Material besteht. Diese Überlagerung von Terrassen durch Material, das flächenhaft von höheren Niveaus abgespült wurde, konnte auch bei älteren Terrassen beobachtet werden und wird als „sekundärer Hangschleppeneffekt" bezeichnet.

Diese Terrasse ist weiter östlich bei Malpica in zwei verschiedenen Niveaus entwickelt, in der **unteren Niederterrasse (uNT)** und der **oberen Niederterrasse (oNT)**. Während der untere Teil in etwa 7 m Höhe nur aus Feinsedimenten von Sand und Schluff besteht, findet man ca. 10 m über dem Fluß westlich Malpica in 393–395 m ü. NN ein differenziertes Sediment (Photo 16). Es handelt sich um 1–2 m mächtige, schluffige Sande. In rund 1,5 m unter Geländeoberkante ist ein 20 cm mächtiger B_t-Horizont entwickelt, und in ca. 1,1 m zieht sich ein schmales Band mit einzelnen Kalkkonkretionen durch das Profil. Bis in rund 1 m Tiefe zeigt der Aufschluß eine leichte Verbraunung. Darunter findet sich ein Schotterpaket von 2–3 m Mächtigkeit. Im Gegensatz zu den höheren Terrassen sind es bunte Schotter mit einem breiten petrographischen Spektrum. Sie weisen eine Dominanz von Quarziten und vor allem von Quarzkieseln bis zu einem Durchmesser von 5 cm auf. Dieses 10–12 m-Niveau ist jedoch im Arbeitsgebiet nur noch in kleineren Resten westlich Malpica und in schmalen Hangleisten erhalten. Bemerkenswert für die zeitliche und genetische Interpretation dieser Gliederung ist, daß die 3–5 m-Terrasse des Rio Pusa und des Rio Sangrera auf das obere Niveau der Niederterrasse eingestellt ist, wie besonders an der Konfluenz von Rio Pusa und Rio Tajo östlich Bernuill sehr deutlich wird (Photo 3), wo der Pusa mit einer kleinen Gefällstufe in den Tajo mündet. Die westliche Niederterrasse liegt geringfügig höher als die östliche und korreliert sehr gut mit dem 10–12 m-Niveau der oNT des Tajo.

Oberhalb dieser zweigegliederten Niederterrasse liegt in ca. 20–25 m über dem Tajo eine Schotterdecke. Die Kartierung dieses Niveaus als eine einheitliche Terrasse bereitete einige Schwierigkeiten, denn ähnlich wie die Schotterkörper unserer mitteleuropäischen Terrassen, die häufig eine mächtige, jüngere Lößdecke tragen (ANDRES 1967, SEMMEL 1968), sind auch hier die Schotter von bis zu 10 m mächtigen jüngeren Ablagerungen bedeckt. Dabei ergibt sich die Alternative, die Oberflächen zu korrelieren, oder aber die Höhen der Schotterkörper in relativer Höhe zum heutigen Fluß zu kartieren.

Da bei der Aufnahme der übrigen Terrassen immer die Obergrenze der Schotter eingemessen wurde, wurden auch bei dieser Terrasse die jüngeren Auflagerungen vernachlässigt. Dies führte häufig zu Differenzen in den Höhenangaben zwischen der topographischen Karte und dem Reliefunterschied der 20–25 m-Terrasse zum Tajo.

Die 20–25 m-Terrasse, im folgenden als **untere Mittelterrasse (uMT)** bezeichnet, ist besonders im östlichen Teil des Arbeitsgebietes zwischen Malpica de Tajo und Pueblanueva erhalten. Um Talavera de la Reina ist sie, wie die Badland-Bildung zeigt (Photo 15), durch Unterschneidung zerstört.

Durch die Anlage eines Bewässerungskanals waren die Aufschlußverhältnisse zur Zeit der Untersuchung sehr gut, so daß der „sekundäre Hangschleppeneffekt", wie er rezent auf der Niederterrasse zu beobachten ist, auf älteren Terrassen nachgewiesen werden konnte. Die Profile (Abb. 23, Photo 17, 18) zeigen folgendes Bild:

Über dem Schotterpaket, in dem Gerölle bis zu 25 cm Länge eingebettet sind, befindet sich ein mit Ton angereicherter Horizont in einem schluffig-sandigen Sediment. Diese sandigen Schichten sind waagerecht, parallel zu den Schottern gelagert und gehören offensichtlich zu der Endphase der Bildung dieser Terrasse. Der tonreiche Horizont scheint pedogenetischen Ursprungs zu sein. Oberhalb der Schotter gibt es in vielen Aufschlüssen eine Ca-Anreicherung in einzelnen Kalkbändern. Die Tonminerale sind aus dem oberen Teil des Feinsediments herausgewaschen und haben sich in dem basischen Milieu oberhalb der Schotter angereichert. Teile dieses Feinsediments sind danach wieder abgetragen worden, wie einzelne Diskordanzen zeigen. Die Grenze dieser Diskordanz zeichnet sich durch eine starke Verbraunung aus, eine Bodenbildung im nachträglich geschütteten Sediment.

Nach der Erosion der oberen Ablagerungen der unteren Mittelterrasse muß es eine **Stabilitätsphase** mit Bodenbildung gegeben haben. Der größte Teil der unteren Mittelterrasse wurde danach von einem sandigen Sediment zugedeckt (Photo 18). Die Schichtung deutet darauf hin, daß die Schüttung seitlich von den oberen Terrassen auf die obere Niederterrasse erfolgte.

Ein derartiger Hangschleppeneffekt wurde auch an den älteren Terrassen westlich Talavera de la Reina bei Alcaudete de la Jara beobachtet. Dieses Phänomen scheint also charakteristisch für die Terrassen zu sein, die auf miozänen Sedimenten ausgebildet sind, da dieses Substrat zu Verspülungen neigt, wie es die rezenten Prozesse auf der Niederterrasse zeigen.

In einer Höhe von ca. 430 m ü. NN findet sich zwischen Malpica und Talavera de la Reina ein weiterer mit Schottern bedeckter Verebnungsrest der **oberen Mittelterrasse (oMT)**. Sie hat eine relative Höhe von 50–55 m über dem Tajo. Auch sie ist bereits sehr stark aufgelöst. Südlich Talavera de la Reina ist sie nur noch in einzelnen seitlichen Taleinschnitten in den miozänen Sandsteinen erhalten. In den Badlands an den Tajo-Mäandern treten noch gelegentlich schmale, schotterbedeckte Leisten auf, die jedoch eine geringe räumliche Ausdehnung haben. Deutlich ausgeprägt ist die obere Mittelterrasse zwischen Malpica und Pueblanueva. Hier führt die Verbindungsstraße zwischen den beiden Orten bei km 9 und km 8 teilweise über diese Flächen.

In den Aufschlüssen zeigt sich fast immer das gleiche Bild:

Die Schotter sind in eine rote, kalkhaltige Matrix eingebettet und die Mächtigkeit der Sedimente ist mit 1–1,5 m relativ gering. An ihrer Untergrenze steht miozäner, stark grusiger Sandstein an, und im Oberboden liegen selten Schotter, da sie, wie auch auf den übrigen Terrassen, von einem Feinsediment überdeckt werden.

Während die Unter- und Mittelterrassen als relativ kleine Flächen mit einer gut ausgebildeten Schotterdecke entlang des Flusses auftreten, sind die beiden darüberliegenden Terrassen großflächig ausgebildet und in ihrer Ausprägung nicht so deutlich erkennbar. In 70 bis

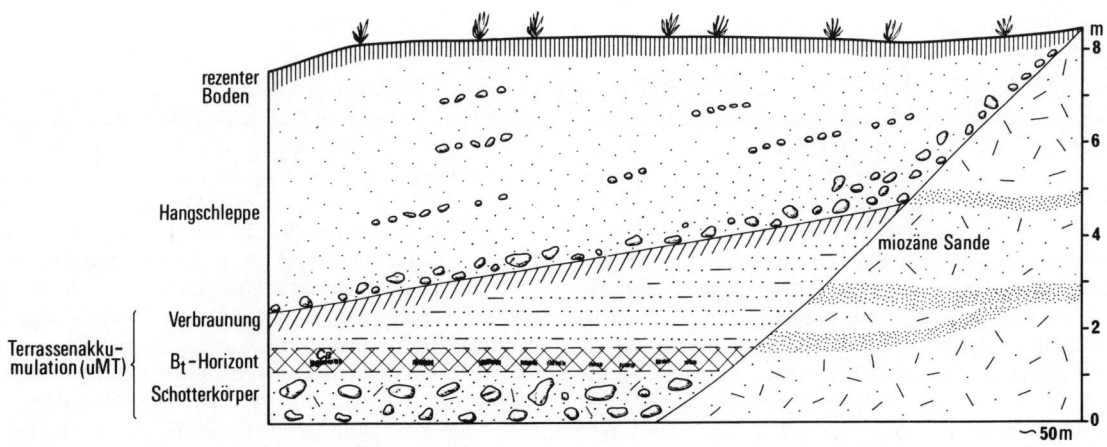

Abb. 23 Hangschleppeneffekt auf der uMT am Tajo westlich Malpica. Über den Schottern der uMT in dem überlagernden Feinsediment ein B_t-Horizont mit Ca-Konkretionen einer älteren Bodenbildung, unter der Hangschleppe ein Verbraunungshorizont aus einer feuchteren Klimaphase (siehe dazu Photo 17 und 18).
Lokalität 4 (HW 4422,2 / RW 358,6)

80 m über dem Tajo liegen zwischen dem Rio Cedena, Rio Pusa und Rio Sangrera weite Flächen, die von ca. 450,–470 m ü. NN nach SSW ansteigen und in ihrer Oberfläche leicht reliefiert sind. Die geringen Höhenunterschiede sind durch eine erosive Eintiefung einzelner Abflußbahnen entstanden. Das Gefälle von rund 0,7 bis 1% nach NNE deutet darauf hin, daß diese Terrasse nicht allein vom Tajo geschaffen wurde, sondern daß sich hier die Abflußbahnen der Nebenflüsse mit dem Rio Tajo verzahnen. Eine nähere Erläuterung erfolgt bei der granulometrischen und situmetrischen Analyse der Sedimente.

Bei der **unteren Hochterrasse** fällt neben dem Gefälle nach NNE noch eine Neigung von WNW nach ESE auf. Die Schotter dieser Terrasse sind stark Ca-verbacken. Die Karbonate werden an vielen Stellen abgebaut und als Düngemittel und Baumaterial verwendet. Weite Bereiche der Terrasse, besonders südwestlich Malpica, sind im Oberboden fast frei von Schottern, da sie von einem Feinsediment überdeckt werden.

Der Übergang zur **oberen Hochterrasse** (oHT) ist in großen Teilen des Untersuchungsgebietes kontinuierlich. Eine klare Abgrenzung dieser Terrasse ist nur südöstlich Talavera de la Reina möglich (Beilage 2). Sie ist in der Stratigraphie die erste Terrasse, die oberhalb der Niederterrasse erhalten geblieben ist. Die absolute Höhe variiert zwischen 485 und 496 m ü. NN und liegt zwischen 115 und 125 m über dem heutigen Flußbett. Die Mächtigkeit der Sedimentdecke schwankt zwischen 6 und 10 m. Die Straße Pueblanueva–Talvera de la Reina quert von km 5 bis km 6 diese Fläche. Hier sind auf kleinem Raum sowohl der miozäne Untergrund am Übergang zur nächsthöheren Terrasse als auch die Schotter der oHT aufgeschlossen. Zwischen dem Rio Sangrera, Rio Pusa und Rio Cedena ist das zugehörige Verebnungsniveau sehr großflächig erhalten. Entsprechende Schotter finden sich auf der Terrasse südlich und südwestlich Pueblanueva, jedoch nur auf deren westlichem Teil. Die Schotter sind in eine rote Matrix eingebettet und haben eine Mächtigkeit von 4–5 m. Der obere Teil der Auflagerung wird wiederum von einem Feinsediment gebildet, in dem bis zu einem Meter Tiefe eine meridionale Braunerde entwickelt ist.

Sowohl südlich Pueblanueva wie auch südwestlich Malpica nimmt die absolute Höhe der oberen Hochterrasse nach Osten ab, die Flächen sind leicht geneigt. Als eine Ursache ist die Auflösung dieser Verebnungen durch Arroyos und flache Dellen anzusehen, die vornehmlich nach ESE in die heutigen Nebenflüsse Pusa und Cedena fließen, so daß die Schotter auf den östlichen Teilen weitgehend abgetragen sind. Einzelne Gerölle finden sich noch in den Tiefenlinien. Auf den so tiefer gelegten Terrassenflächen tritt an vielen Stellen der miozäne Untergrund an die Oberfläche, wie westlich Pueblanueva in der Nähe des Wasserbehälters oder auch in einigen Baugruben in Pueblanueva. Die Gesamtfläche wurde aufgrund des einheitlichen Niveaus als oHT auskartiert, obwohl die entsprechenden Schotter in einigen Bereichen nicht nachgewiesen werden konnten und die Fläche durch Abtrag teilweise absolut tiefer liegt als die gleiche Terrasse weiter Tajo-abwärts.

Einen sehr großen Flächenanteil nimmt die nächsthöhere Terrasse, die **Übergangsterrasse** (ÜT), im Arbeitsgebiet südlich Talavera de la Reina ein. Sie unterscheidet sich in ihrer Form kaum von den Rañas. Aus diesem Grund haben ESCORZA & ENRILE (1972) diese Ebene auch mit den Rañas gleichgesetzt und beide als einheitliche Fläche dargestellt.

Südlich, zwischen Talavera de la Reina und San Bartolomé de las Abiertas, erreicht diese Verebnung noch heute eine N-S-Ausdehnung bis zu 11 km. Inwieweit sich hier Tajo-Schüttungen und Terrassenablagerungen der Nebenflüsse verzahnen, wird die situmetrische Analyse zeigen.

Bei km 34 der Straße Talavera de la Reina – San Bartolomé setzt in rund 500 m ü. NN mit einer relativen Höhe von 135–140 m über dem Tajo die Schotterdecke an und steigt dann mit einem NNW-Gefälle von 0,6% bis auf 560 m ü. NN an. Dies entspricht in etwa den Gefällsverhältnissen auf den Rañas. In der West-Ost-Richtung konnte kein gleichsinniges Gefälle gemessen werden.

Zwischen dem Rio Sangrera und dem Rio Pusa ist in der Nähe des Tajo keine korrelierende Verebnung festzustellen. Erst im Gebiet von San Bartolomé treten die entspechenden Schotterablagerungen zwischen den beiden Flüssen in Höhen von 530–590 m ü. NN wieder auf. Die Straße von San Bartolomé nach Retamosa führt bis zum km 17 über diese Fläche, die hier ein SSW-NNE-Gefälle von ca. 1% hat. Schon das größere Gefälle deutet darauf hin, daß hier die aus den Montes de Toledo kommenden Flüsse wesentlich am Aufbau der Form beteiligt waren.

Im Bereich der Einmündung von Rio Pusa und Rio Sangrera zeigt sich eine ausgeprägte Verzahnung der Terrassen mit denen des Vorfluters.

2.4.2.2 Der Rio Sangrera

Das Bett des Rio Sangrera wird im Unterlauf von miozänen Sanden gebildet (Abb. 5). Etwa bis zum km 16 der Straße Santa Anna de Pusa – Alcaudete de la Jara ist er in den granitischen Sockel eingetieft. Dementsprechend ändert sich auch hier der Talcharakter. Während im Unterlauf im sandigen Substrat der Fluß ein breites, muldenartiges Talquerprofil mit gut ausgebildeten unteren Terrassen geschaffen hat, ist er im Oberlauf bis zu 20 m tief in die Verebnungen der Mittel- und Hochterrassen eingeschnitten. Das Gefälle der heutigen Tiefenlinien sinkt von 2,3% im Oberlauf auf 0,5% ab. Die Niederterrasse fehlt in den Engtalstrecken weitgehend oder ist nur als schmale Hangleiste erhalten. Im Unterlauf dagegen sind die unteren Terrassen gut ausgebildet (Photo 19, Abb. 24, 25).

Die **Niederterrasse** des Sangrera ist nicht, wie die des Tajo, zweigeteilt. Das 3–5 m-Niveau über dem Fluß endet mit einer kleinen Stufe auf der uNT des Tajo, ist also auf die oNT eingestellt. An einigen Mäandern ist lediglich ein Zwischenniveau zwischen dem Hochwasserbett und der oNT erhalten, das möglicherweise der uNT des Tajo entspricht. Eine exakte Korrelation war jedoch nicht möglich. Diese Niederterrasse zieht sich in einer relativen Höhe von 3–5 m über dem Fluß aufwärts bis in den Bereich des granitischen Grundgebirges, wo sie aussetzt. Erst westlich Torrecilla de la Jara konnte sie an einem Quellfluß des Sangrera, dem Rio Fresnedoso, wieder kartiert werden. Ursache sind die geologischen Verhältnisse.

Hier weitet sich das Tal in einer Mulde, die von harten Quarziten gebildet wird.

Das Flußbett ist in diesem Gebiet mit 0,4% Gefälle ausgeglichen, und da es sich nicht in den harten Quarzit einschneiden konnte, hat es somit eine breite Sohle ausgebildet. Erst beim Übergang in den Granit westlich Retamosa, der weniger abtragungsresistent ist, erfolgt mit einer Gefällstufe eine Einschneidung.

Über der Niederterrasse liegt am ostexponierten Hang des Tales in ca. 20–25 m über dem Fluß die **Mittelterrasse,** die in ihrer absoluten Höhenlage mit der unteren Mittelterrasse des Tajo in etwa übereinstimmt.

Zum Tajo hin nimmt die relative Höhe der Mittelterrasse geringfügig zu. An der Straße von Talavera de la Reina nach San Bartolomé liegt bei km 24 die Obergrenze der Schotter 24,5 m über dem rezenten Fluß. Etwa 8 km flußabwärts liegt die Grenze rund 4 m höher. Die maximale Mächtigkeit der Schotter beträgt 5–6 m, ist aber an vielen Stellen durch Abspülung und Erosion erheblich geringer.

Ebenso wie bei der Mittelterrasse variiert auch die relative Höhe der oberen Mittelterrasse (oMT) vom Mittel- und Unterlauf des Sangrera. So beträgt der Abstand zum heutigen Fluß im Profil nordwestlich San Bartolomé 35–40 m (Abb. 24), westlich Pueblanueva dagegen 45–50 m (Abb. 25).

Die **Hochterrasse** ist am Rio Sangrera nicht nachweisbar. Am ostexponierten Ufer des Rio Sangrera tritt zwar bei der Casa de Dona Ana in 490–500 m ü. NN, also 50–60 m über dem Fluß, eine Verebnung auf (Photo 19), es kann jedoch nicht ausgeschlossen werden, daß es sich um einen Schwemmfächer des Arroyo de Parquillas handelt, der auf die Hochterrasse ausläuft.

Der Höhenunterschied des Rio Sangrera zur Übergangsterrasse beträgt 85–95 m. Im Unterlauf steigt der Abstand bis auf 100 m an.

2.4.2.3 *Der Rio Pusa*

Ebenso wie am Rio Sangrera sind die Terrassen des Rio Pusa fast nur auf südostexponierten Talseiten entwickelt. Der rechte Talhang dagegen ist fast vollständig frei von Verebnungsresten (Beilage 2). In weiten Strecken zwischen Santa Ana de Pusa und der Mündung in den Tajo steigt der Hang von der unteren Niederterrasse mit einer Sprunghöhe von 80–90 m gleichmäßig bis zur oberen **Hochterrasse** an. Diese Hochterrasse auf der Ostseite des Flusses erreicht hier ihre

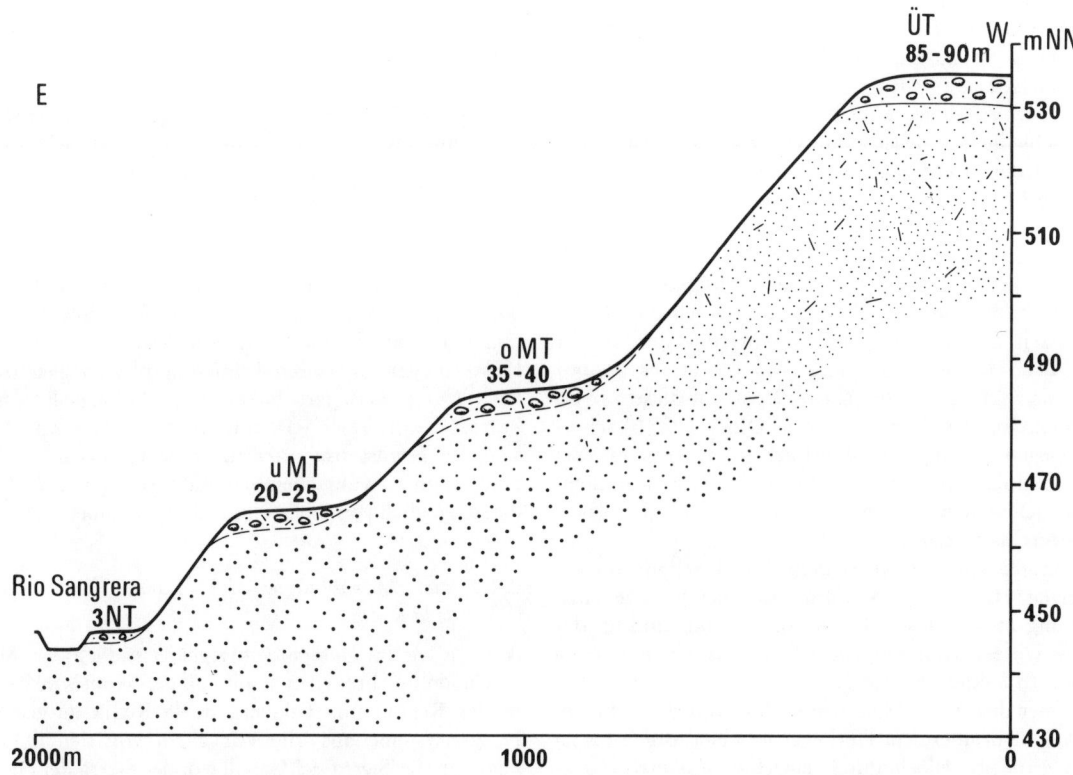

Abb. 24 Profil der Terrassen am Rio Sangrera bei km 24 der Straße Talavera–San Bartolomé de las Abiertas. Lokalität 11 (HW 4413,3 / RW 351)

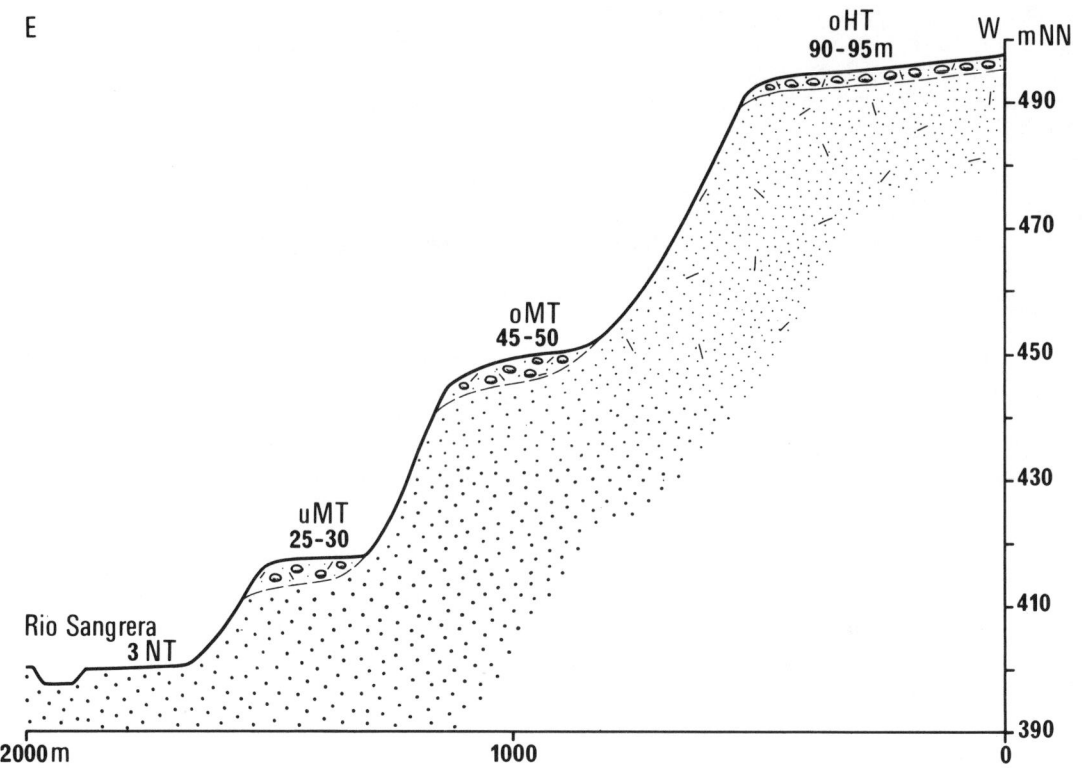

Abb. 25 Profil der Terrassen am Westhang des Rio Sangrera westlich Pueblanueva. Lokalität 3 (HW 4420,7 / RW 354,6)

größte absolute Höhe. Sie trägt auf ihrer westlichen Seite eine gut ausgeprägte Schotterdecke, nach Osten dagegen fällt sie zum Rio Cedena leicht ab.

Auf dem Westhang können dagegen deutlich sieben unterschiedliche Niveaus am Unterlauf des Rio Pusa ausgegliedert werden (Photo 2, Abb. 26). Die Niederterrasse ist wie am Tajo in zwei Höhen, in 4 m und in 7 m, entwickelt, die bis kurz vor Santa Ana de Pusa gut zu kartieren waren. Beim Übergang in den Granit (Abb. 5) beginnt jedoch eine tiefe Einschneidung des Flusses in das Gestein (Photo 3, 20). Auch die älteren Terrassen sind aufgrund der Verwitterung des Granits und der Herauspräparierung von ‚Wollsäcken' nur noch sehr schwer auszumachen. Wenn auf diesem überformten Grundhöckerrelief (i. S. BÜDEL's 1977b) Schotter gelegen haben, sind sie weitgehend ausgeräumt. Bei den vereinzelt vorhandenen Schottern läßt sich nicht ausschließen, daß sie von den Rañas oder der Übergangsterrasse verlagert sind.

Die **untere Mittelterrasse** nimmt im Mittellauf in einer relativen Höhe von 18–20 m nur eine geringe Ausdehnung an und liegt südlich von Bernuill und an der Straße von San Bartolomé nach San Martin de Pusa etwa bei km 13,8 oder km 12,8.

Mit einer deutlichen Stufe hebt sich davon die oMT ab, die 40–42 m über dem Fluß liegt und eine Breite bis zu 1 km erreicht, jedoch durch einzelne Wasserrisse zergliedert ist.

Zwischen der oberen Mittelterrasse und der oberen Hauptterrasse liegen in ca. 65 m relativer Höhe Schotter der uHT, die vor allem westlich und östlich von Santa Ana de Pusa erhalten sind.

Die **obere Hochterrasse** und die **Übergangsterrasse** in 85 m und 100 m über dem Fluß bilden die weiten Flächen zwischen dem Rio Pusa und dem Rio Sangrera (Beilage 2). Sie werden im Süden lediglich von einigen Rañariedeln überragt.

Die Oberflächen der Hochterrassen fallen geringfügig nach Osten ab. Da auch die jungen Terrassen fast nur noch auf den Westseiten der Flüsse Pusa und Sangrera erhalten sind, können wir annehmen, daß sich die Flüsse in den quartären Eintiefungsphasen gleichzeitig nach Osten verlagert haben und die jeweils älteren Terrassen auf dieser Seite unterschnitten wurden. Daher sind die Terrassenschotter der Hochterrassen am Pusa und Sangrera wahrscheinlich Ablagerungen der Flüsse, die sich östlich von ihnen eingeschnitten haben.

2.4.3 Die Morphologie der Rañas bei Talavera de la Reina

Ähnlich wie im Untersuchungsgebiet südlich der Sierra de Guadalupe breiten sich am Fuß der Montes de Toledo in der Region um Talavera de la Reina ausgedehnte Flächensysteme aus, die vor allem von den Quarzitkämmen der Sierra del Castillazo, der Sierra del Hernio, der Sierra de las Particiones und südöstlich Los Navalucillos der Sierra del Aceral überragt werden (Abb. 3).

Während bei Guadalupe die Rañas zum großen Teil durch Hinterschneiden der Flüsse von den Gebirgskämmen abgeschnitten sind, gehen zwischen Espinoso del Rey und Navalucillos an vielen Stellen die Hänge mit einem konkaven Querprofil, das weit ausgezogen ist, in die Rañaflächen über.

Im Gegensatz zu den Schiefern um Alia, die leicht ausgeräumt wurden, grenzen bei Espinoso del Rey die Rañas direkt an die Quarzitkämme. Die Flüsse haben sich, sobald sie aus den Talpforten der Sierren austraten, dem Gefälle der Rañas folgend nach Norden in die Flächen eingetieft, ohne größere Ausraumzonen am Gebirgsrand zu schaffen. Sie sind im allgemeinen in Nord-Süd verlaufenden Tälern in die Rañaflächen erosiv eingetieft und haben stellenweise das anstehende Grundgebirge freigelegt und sich klammartig eingeschnitten (Photo 20). Wie südlich Guadalupe zeigen die Rañas auch hier ein langgestrecktes Profil, das dicht am Gebirge in einer Konkaven in die Hänge der Sierren übergeht.

Die Flächen sind besonders in den gebirgsfernen Teilen in einzelne schmale **Riedel** aufgelöst, die eine Nord-Süd-Erstreckung bis zu 25 km erreichen. Ihre Höhe über dem heutigen Bett des Tajo variiert mit der Entfernung vom Fluß.

Bei Belvis de la Jara beträgt der Höhenunterschied 175 m bei einer Basisdistanz von ca. 5 km. Zwischen dem topographischen Punkt Carrasco (580 m ü. NN) und dem Tajo westlich Talavera de la Reina liegen 216 m, und von den Rañas westlich Santa Ana de Pusa beträgt der Abstand zum Tajo fast 300 m bei einer Entfernung von ungefähr 25 km.

Die Nebenflüsse Rio Pusa und Rio Sangrera haben sich im Mittellauf rund 130–140 m in die Rañas eingeschnitten. Fließen die Flüsse bereits im Grundgebirge, so ist der Höhenunterschied etwas geringer als in Taleinschnitten der miozänen Sande.

Die Rañas liegen etwa 20–30 m oberhalb der Übergangsterrasse, die sich am Rio Sangrera als schmaler Terrassenrest bis in den Oberlauf des Flusses als erstes Verebnungsniveau unterhalb der Rañas verfolgen läßt. Der direkte Übergang zwischen beiden Flächen ist nur an wenigen Stellen erhalten.

Nordöstlich El Membrillo und nordwestlich San Bartolomé de las Abiertas treten an den flach konkaven Übergangshängen zwischen beiden Flächen miozäne Sande an die Oberfläche, wie auch südlich San Bartolomé de las Abiertas bei km 17,5 der Straße nach Retamosa.

Dies zeigt, daß es sich tatsächlich um zwei genetisch unterschiedliche Flächen handelt und nicht etwa um eine tektonisch abgesenkte oder gehobene, ursprünglich einheitliche Fläche.

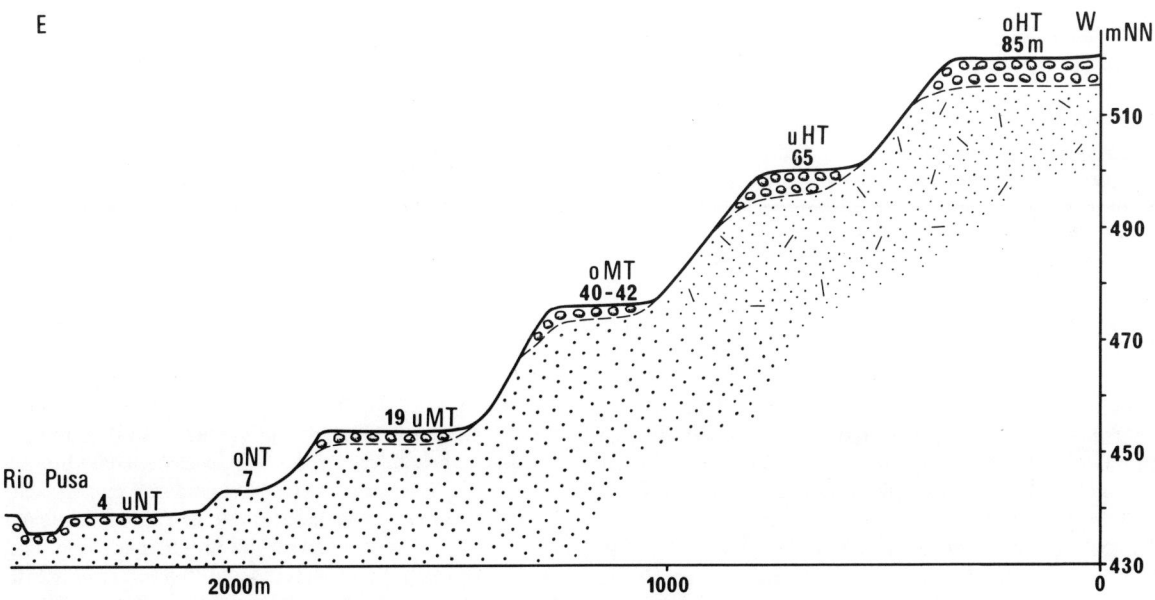

Abb. 26 Profil der Terrassen am Rio Pusa östlich San Bartolomé de las Abiertas. Lokalität 17 (HW 4409,6 / RW 359,5)

3. GEOMORPHOANALYSE DER SEDIMENTE

Die korrelaten Sedimente der morphologischen Prozesse geben eine wesentliche Information über die Reliefentwicklung im nördlichen und südlichen Vorland der Montes de Toledo.

Im folgenden wird eine Beschreibung und Analyse der tertiären und pleistozänen Sedimente und deren Mächtigkeit in den Untersuchungsgebieten gegeben.

3.1 Aufbau und Zusammensetzung der Terrassensedimente

3.1.1 Die Analyse der Terrassensedimente

Aufgrund der guten Ausprägung der pleistozänen Flußterrassen des Tajo und seiner Nebenflüsse Sangrera und Pusa im Raum Talavera de la Reina wurden hauptsächlich dort die quartären Sedimente analysiert und verglichen, um Rückschlüsse auf die klimagesteuerte Morphodynamik zu ermöglichen. Die Aufschlüsse der Hochterrasse im Arbeitsgebiet Talavera de la Reina bieten in etwa eine ähnliche Abfolge der Schichten wie z.B. die der oberen **Hochterrasse** am Tajo östlich Talavera de la Reina oder am Cerro de San Maria (Photo 21).

Die Sedimentdecke, die hier in einer Mächtigkeit von 6–7 m aufgeschlossen ist, zeigt eine deutliche Gliederung in **drei Sedimentationsphasen:**

Über der miozänen Formation, die hier aus schluffigem Sand besteht, liegen im Wechsel mit feineren Kiesbänken etwa 1,5–2,0 m mächtige Sande. Darüber folgt ein ca. 3 m dickes Schotterpaket in einer lehmigen Matrix, das nach oben in einen weiß-braunen, karbonathaltigen lehmigen Sand übergeht. Den Abschluß der Sedimentfolge bildet ein sandig-toniger Lehm, auf dem sich eine meridionale Braunerde entwickelt hat.

Diese Bodenbildung ist, wie RIEDEL (1973) bei seinen Untersuchungen im kastilischen Hauptscheidegebirge feststellte, als rezente Klimaxform auf Sedimenten vom Raña-Typus anzusehen.

Diese Abfolge findet sich auch in der oberen Mittelterrasse der Nebenflüsse wieder. Hier ist lediglich die Matrix der Schotter weniger fest, da es sich vornehmlich um Grobsande handelt, die aus der Verwitterung der grobkörnigen Granodiorite entstanden sind, die im Liefergebiet anstehen (Abb. 27).

Die Schotter der unteren Hochterrasse des Tajo heben sich von den übrigen Terrassenakkumulationen ab, da sie stark kalkverbacken sind und ihnen häufig die Mehrgliedrigkeit fehlt. Der Kalk in diesem Terrassensediment ist synsedimentär in den Schottern abgelagert und durch deszendierendes Wasser angereichert worden. Liefergebiet für die Karbonate sind die miozänen Formationen und die tiefgründig verwitterten Granodiorite. Aus diesen Granodioriten stammt vermutlich auch das Calcium in den miozänen Ablagerungen, das bei der Verwitterung der Plagioklase (Anorthit, $CaAl_2Si_2O_8$) freigesetzt wird und aus dem sich das Calciumkarbonat bildet.

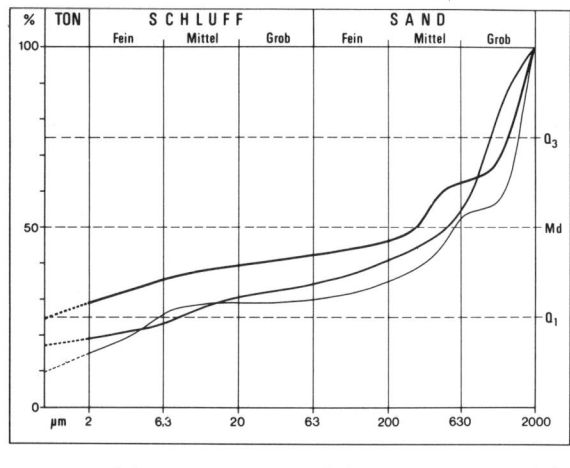

Abb. 27 Granulogramme der Matrix der Terrassenschotter des Rio Sangrera (vgl. Photo 19).
Lokalität 10 (HW 4414,2 / RW 350,4)

76/16/1	Schotter der oMT, 1,0 m unter Flur sandiger Lehm (So = 11,8)
76/16/2	gleicher Ort, 2,0 m unter Flur lehmiger Sand (So > 25,88)
76/17/1	Schotter der uMT, 2,0 m unter Flur Lokalität 11 (HW 4413,5 / RW 350,75) lehmiger Sand (So = 15,9)

Während die Schotter der Hoch- und Mittelterrassen Gerölle mit Längsachsen bis zu 20 cm aus den aufbereiteten Rañas enthalten, bestehen die Niederterrassenschotter der oNT des Tajo aus Kiesen bis zu einem maximalen Durchmesser von 7–10 cm. Sie liegen unter einer bis 2 m mächtigen, schluffigen Feinsandablagerung (Photo 16) und heben sich in ihrem petrographischen Spektrum deutlich von den älteren Terrassen ab.

Während in den älteren Terrassen fast **ausschließlich** die Quarzite der Rañas mit einem sehr geringen Quarzanteil vertreten sind, nehmen die Quarze in den unteren Terrassen, besonders in der Niederterrassenakkumulation des Tajo, einen größeren Prozentanteil ein. Ursache ist die selektive Anreicherung der Korngrößen kleiner als 5 cm. Die reinen Quarze, die in geringem Raumanteil (1 %) auch in den Rañas auftreten, sind Kluftfüllungen im quarzitischen Ausgangsgestein und haben eine Korngröße von 2–5 cm. Da aufgrund der gleichmäßigeren, langsameren Abflußverhältnisse des Tajo zur Bildungszeit der oNT nur Kies zur Ablagerung kam, steigt auch der prozentuale Anteil der Quarze.

In den unteren Terrassenniveaus der Nebenflüsse Pusa und Sangrera dagegen treten noch größere Gerölle bis zu 20 cm Durchmesser auf. Diese sind aber durch seitlichen Transport von den Hängen der Rañas und den älteren Terrassen in das Flußbett gelangt und hier nur geringfügig verlagert worden.

Das gleiche gilt für fast alle untersuchten Terrassen im südlichen Arbeitsgebiet bei Guadalupe (Photo 11). Die fluvial abgelagerten Terrassenakkumulationen sind durch ihre Nähe zum Liefergebiet geprägt. Es handelt sich um Nebenflüsse des Guadiana, deren Hänge im Untersuchungsgebiet von den Rañas begrenzt werden. Der Anteil der großen Raña-Quarzite in diesen Ablagerungen überwiegt.

Wie die morphometrische Analyse zeigt, ist die Transportbeanspruchung der Gerölle gering. Sie sind nur von den Rañas hangabwärts transportiert und dann vom Wasser geringfügig weiter verlagert worden. Daß sie noch im Fluß transportiert und eingeregelt wurden, zeigen die situmetrischen Untersuchungen (Abb. 28).

Ein großer Teil der Gerölle der oberen Mittelterrasse (oMT) im Aufschluß (75/28 Lokalität 50) nordwestlich Castilblanco zeigt Verwitterungsrinden, die unterschiedliche Tiefen aufweisen bzw. an einigen Stellen völlig fehlen. Es handelt sich dabei um Material, das in den Rañas verwittert ist und wahrscheinlich durch Transportbeanspruchung unterschiedlich abgerollt wurde.

Der Feinanteil in diesen Akkumulationen ist im Vergleich zu den Terrassen auf den miozänen Sanden im Einzugsgebiet der Granite und Granodiorite südlich Talavera de la Reina sehr tonreich (75/28/2 und 75/28/3, Abb. 29). Die Korngrößenverteilung unterscheidet sich kaum von dem miozänen Untergrund (75/28/1 und 77/1f, Abb. 20, 29).

In diese Terrassen ging bei der Ablagerung sehr viel Feinmaterial aus dem Miozän ein. Zusätzlich sind tonreiche Schiefer, die bei Alia in der Mittelterrasse noch erhalten sind, als Verwitterungsprodukt mit eingearbeitet.

3.1.2 Die Situmetrie der Terrassenschotter

Zur näheren Charakterisierung der Terrassen erwies sich die Situmetrie als brauchbare Methode. Insbesondere die Abgrenzung von den Rañas und die genetische Deutung der Übergangsterrasse im Raum Talavera de la Reina wurde damit möglich.

Diese Ablagerungen wurden von ESCORZA & ENRILE (1972) gleich den Rañas als „pliozäne Konglomerate" kartiert. Im Text (ESCORZA & ENRILE 1972:189) wird eine Tajo-Terrasse in ca. 510 m ü. NN erwähnt, die teilweise dieses Niveau einnimmt. Der Gedanke wurde von WENZENS (1977:89) aufgegriffen.

Die Verebnung weist in ihrer Form und im Sedimentcharakter auf den ersten Blick große Ähnlichkeit mit den Rañas auf. Schotter sind in einer sehr schlecht sortierten Matrix eingebettet (76/18/3, Abb. 30), die den Rañas mehr gleichen als den jüngeren Terrassen. Es fehlt ein deutliches Maximum im Bereich des Grob- bis Feinsandes (76/5/2–76/5/4, Abb. 31). Die äußere Gestalt dieser Flächen mit einer Nord-Süd-Ausdehnung bis zu 10 km und einem Gefälle von 0,5% deutet auf eine Fußfläche oder auf ein Glacis hin, wie sie auch FISCHER (1974:8, 1977) interpretiert hat.

Die Situgramme aus Aufschlüssen südöstlich Talavera de la Reina oder auch bei der Laguna del Jaral zeigen (Abb. 28, Situgramme 1,2) in ca. 8–10 km Entfernung vom Tajo bei fluvialem Transport aus südöstlicher Richtung ein deutliches **Maximum im Sektor III.** Bei der Laguna del Jaral (Situgramm 12) sind es 59%, südlich Talavera de la Reina (Situgramme 6,11) 65% und 54% der Steine von 2–15 cm Durchmesser, die in nordöstlich-südwestlicher Richtung eingeregelt sind und die bei Annahme eines fluvialen Transports eine Schüttungsrichtung aus südöstlicher Richtung anzeigen, also eine Schüttung des Tajo darstellen.

Der Rio Tajo floß zur Bildungszeit der ÜT wesentlich weiter südlich und reichte bis an die Rañariedel heran, wie die Einregelungsmessungen bei km 26,3 der Straße Talavera de la Reina–San Bartolomé de las Abiertas zeigen (Situgramm 6,1).

Westlich und östlich dieses Punktes finden sich in etwa gleicher Breitenlage Rañariedel, ein Hinweis darauf, daß seitdem die Rückverlegung der Rañas nur geringfügig fortgeschritten ist.

Entsprechend der Übergangsterrasse des Tajo sind an den Westufern der Nebenflüsse Rio Sangrera und Rio Pusa Verebnungsreste erhalten. Das pleistozäne und holozäne Flußsystem im Gebiet südlich von Talavera de la Reina hat sich in die Vorform dieser ältesten Terrassen eingetieft, ähnlich wie die Flüsse in Mitteleuropa (BÜDEL 1957).

SCHWENZNER (1936:22–23) hat nördlich des Tajo, westlich Talavera de la Reina, in 500–550 m ü. NN eine breite Terrasse festgestellt – von ihm als Campiña bezeichnet –, die sich westlich von Talavera de la Reina mit der des Rio Alberche vereinigt. Sie entspricht der untersuchten Übergangsterrasse.

Ähnlich breite Verebnungen wurden auch in Mitteleuropa nachgewiesen (STÄBLEIN 1968) und von BÜDEL (1977a:8) als Breitterrassen bezeichnet. So haben STÄBLEIN (1968) in der Vorderpfalz und BRUNNACKER (1975) am Mittelrhein eine solche zweigliedrige Verebnungsfolge (Trogfläche, Hauptterrasse) in das „Ältestpleistozän" bzw. „Oberpliozän" gestellt. BÜDEL (1957) und KÖRBER (1962) datieren die älteste Breitterrasse am Main, die auch hier in zwei Niveaus ausgebildet ist, in das Ältestpleistozän.

Diese Zweigliederung tritt auch im Arbeitsgebiet in Form der Rañas und der **Übergangsterrasse** auf und wird bei der Rañagenese noch näher zu erläutern sein.

Während die Übergangsterrasse des Tajo sehr weit nach Süden bis an die Rañas heranreicht, verzahnen sich die jüngeren Terrassen des Tajo mit denen des Rio Sangrera in der Nähe des Vorfluters. Die Verlagerung des Tajo nach Norden war mit Bildung der Übergangsterrasse im wesentlichen abgeschlossen.

Die schwache Ausbildung der oberen **Hochterrasse** und das Fehlen der Mittelterrasse deutet vielmehr darauf hin, daß sich südwestlich von Talavera de la Reina der Tajo seit dem Altpleistozän wieder nach Süden eingeschnitten hat (Beilage 2).

Weiter östlich im Gebiet Pueblanueva hat sich der Tajo im Pleistozän kontinuierlich nach Norden verlagert.

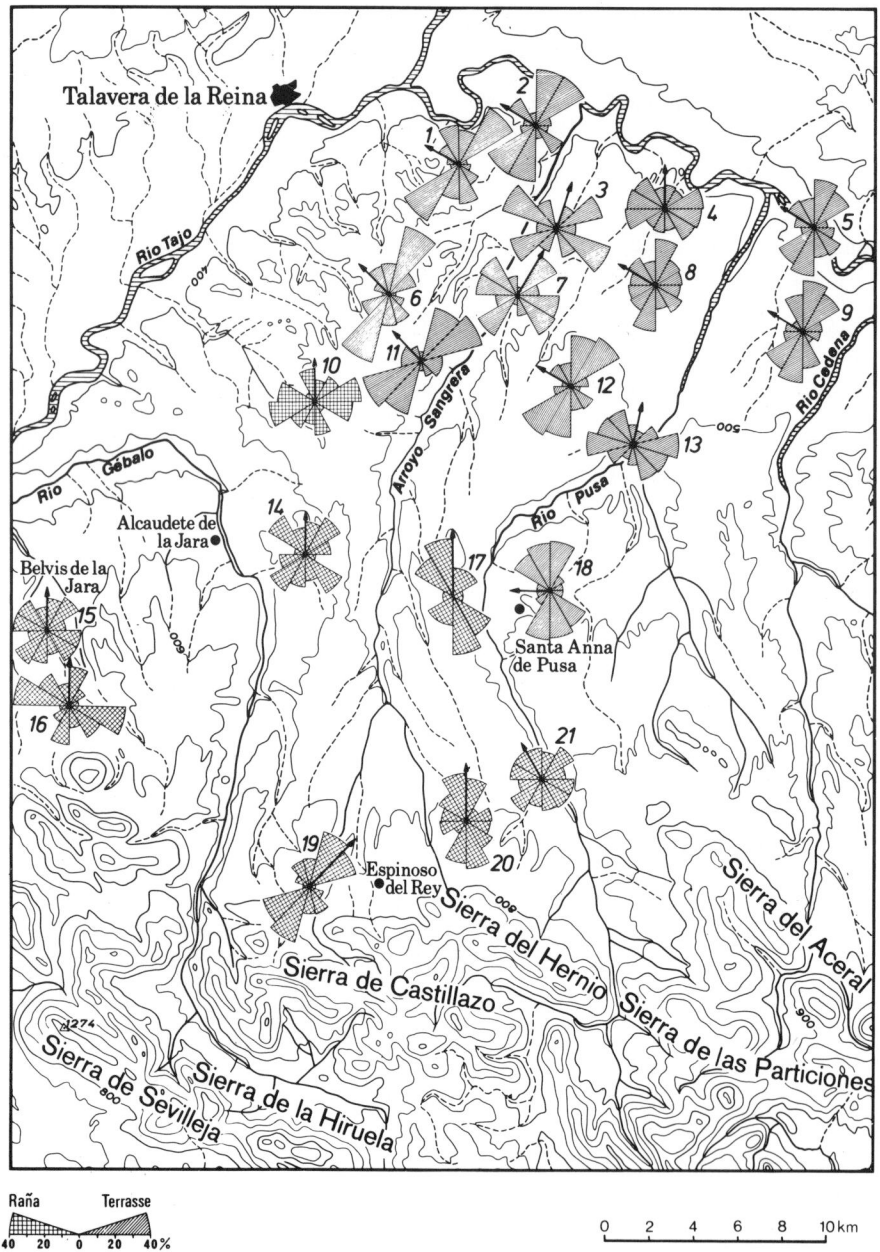

Abb. 28 Situgramme der Raña-Fanger und Terrassenschotter südlich Talavera de la Reina mit Transportrichtung im Gebiet Talavera de la Reina.

Die Gerölle auf den breiten Hochterrassenflächen sind in der Mehrzahl mit ihren Längsachsen nordöstlich-südwestlich eingeregelt und belegen damit eine Schüttung aus südöstlicher Richtung (Abb. 28, Situgramme 3, 7).

Im Bereich der Einmündung des Rio Pusa in den Rio Tajo konnte eine deutliche **Verzahnung** von zwei unterschiedlichen Transportrichtungen festgestellt werden (Photo 3). Südlich der Straße Pueblanueva–Malpica ist eine flach gewölbte Schichtung in den Schottern der unteren Hochterrasse feststellbar (Photo 23). Im Korngrößenspektrum (77/15a, 77/15b, Abb. 32) ist eine Differenzierung nur schwer möglich. Beide Verteilungskurven weisen einen Maximalanteil von Mittel- bis Grobsand und damit eine fluviale Sortierung auf.

Der untere Teil des Schotterpakets ist, wie auch die übrigen Sedimente der Terrasse südlich Malpica, mit Kalk fest verbacken. Das Situgramm 8 (Abb. 28) zeigt für dieses Schotterpaket eine Besetzung des Sektors III mit 41% der eingemessenen Schotter bei einer Fließrichtung des Tajo von SE nach NW. Die überlagernden Schotter, die nicht kalkverbacken sind, zeigen dagegen die typische fluviale querachsige Einregelung mit einem Maximum im Sektor III bei einem Transport durch das

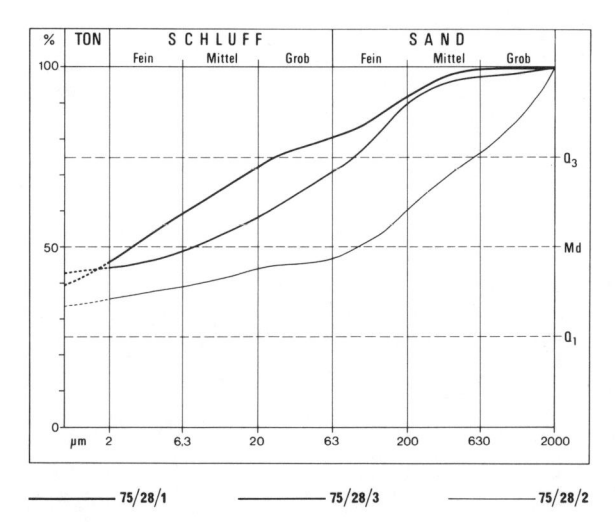

Abb. 29 Granulogramme der Schottermatrix der oberen Mittelterrasse des Guadalupejo bei Almanza.
Lokalität 50 (HW 528,2/RW 474)

75/28/1   miozäner Untergrund
          sandig-toniger Lehm (So » 6,52)
75/28/2   Matrix der Schotter
          sandiger Ton (So » 16,58)
75/28/3   Probe aus dem B_v der Braunerde
          sandig-toniger Lehm (So » 6,52)

Wasser des Rio Pusa aus südwestlicher Richtung (Abb. 28, Situgramm 4).

Da diese Akkumulationsreste des Tajo mit einer länglichen Form auf der Hauptterrasse eine Längserstreckung in südost-nordwestlicher Richtung haben, bietet sich folgende Erklärung für diese Überlagerung an:

Der Rio Tajo hat sich am Ende der Hochterrassen-Zeit in sein Schotterbett eingeschnitten, dabei blieben einige Kiesbänke erhalten. Gleichzeitig verlagerte sich das Flußbett nach Norden, so daß die zurückgebliebenen Schotterbänke in der folgenden Verschüttungsphase von den Geröllen des Rio Pusa aus südlicher Richtung überlagert wurden.

3.2 Aufbau und Zusammensetzung der Rañas

Bei der Analyse des Raña-Sediments südlich der Sierra de Guadalupe zeigte sich in allen Aufschlüssen in großen Zügen ein einheitliches Bild (Abb. 33):

Im oberen Abschnitt ist eine deutliche **Bodenbildung** festzustellen, wobei es sich meistens um eine meridionale Braunerde handelt, die bis zu 50–100 cm mächtig ist. Der obere A_h-Horizont ist dabei mit kleinen Geröllen bis zu 30 mm Durchmesser angereichert, die eine dunkelbraune Eisen-Mangan-Kruste tragen und im Erscheinungsbild den Bohnerzen Südwestdeutschlands ähnlich sind (WEISE 1967:116).

Es sind stark angewitterte Quarzite oder quarzitische Sandsteine; vereinzelt treten auch Quarzkiesel auf, die

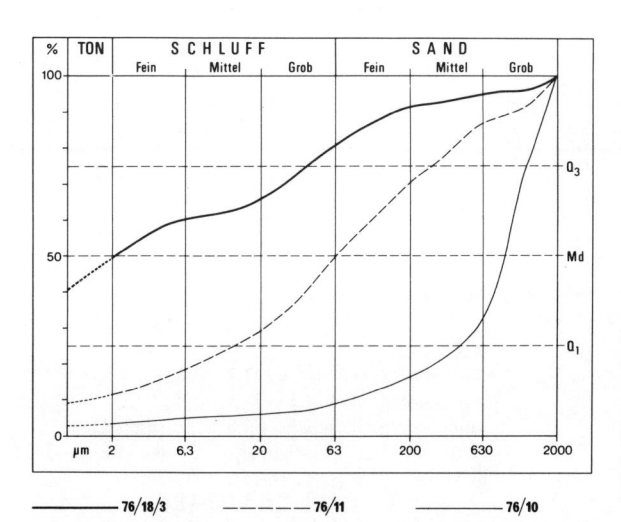

Abb. 30 Granulogramme der Matrix der Terrassenschotter des Rio Pusa östlich San Bartolomé de las Abiertas.

76/10   Sedimente der oberen Mittelterrasse
          Sand (So = 1,68),
          Lokalität 16 (HW 4409,9/RW 358,5)
76/11   Sedimente der unteren Hochterrasse
          lehmiger Sand (So = 4,8),
          Lokalität 15 (HW 4410,1/RW 358,2)
76/18/3   Matrix aus Schottern der Übergangsterrasse an der Laguna del Jaral
          sandig-toniger Lehm (So » 3,87),
          Lokalität 13 (HW 4411,5/RW 356)

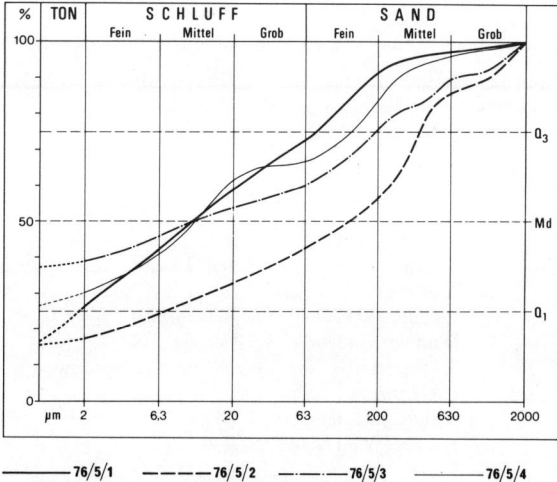

Abb. 31 Granulogramme der Schottermatrix und des Untergrundes der Übergangsterrasse südöstlich Talavera de la Reina.
Lokalität 9 (HW 4415,4/RW 348,5)

76/5/1   miozäner Untergrund
          toniger Schluff (So = 5,6)
76/5/2   Schottermatrix 1,5 m unter Flur
          lehmiger Sand (So = 8,0)
76/5/3   Schottermatrix 1,3 m unter Flur
          sandig-toniger Lehm (So » 10)
76/5/4   Schottermatrix 0,4 m unter Flur
          sandig-toniger Lehm (So = 12,6)

durch selektive Auswaschung im Oberboden der Felder und auf den Feldwegen angereichert sind. Ihre Zurundung ist besser („gerundet" nach REICHELT) als die der Raña-Fanger und auf zwei Ursachen zurückzuführen:

Der **obere** Teil des Raña-Sediments wurde durch einen fluvialen Prozeß transportiert und abgelagert. Durch diesen Transport war die Zurundung der Gerölle bereits bei der Sedimentation weiter fortgeschritten. Außerdem unterliegen diese Steine der rezenten Verwitterung. Im jahres- und tageszeitlichen Wechsel wird das poröse Gestein durchfeuchtet und ausgetrocknet. Wie HABERLAND (1975:60) an Krusten in der nördlichen und südlichen Sahara feststellte, bewirkt die von außen in einen Stein eindringende Feuchtigkeitsfront Lösungsvorgänge an den Oberflächen des Skeletts und des

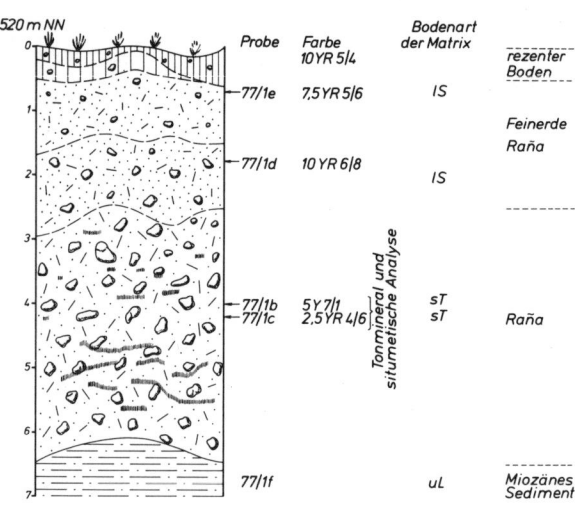

Abb. 33 Profil der Rañas N Castilblanco über miozänem Lehm (vgl. Photo 24, Abb. 20).
Lokalität 52 (HW 527,2/RW 477,9)

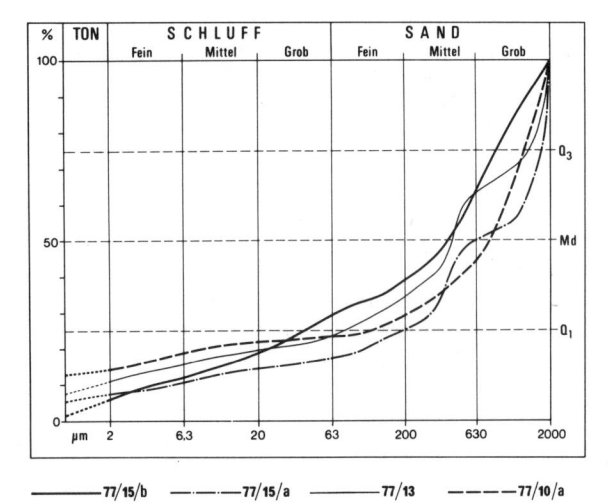

Abb. 32 Granulogramme der Schottermatrix der unteren Hochterrasse südwestlich Malpica (s. Photo 23)
Lokalität 5 (HW 4418,9/RW 362,5)

77/15a   Schotter des Rio Pusa
schluffiger Sand (So = 2,8)
77/15b   Schotter des Tajo
schluffiger Sand (So = 4,47)
77/13   Schottermatrix der unteren Hochterrasse südlich Malpica (s. Photo 22)
Lokalität 8 (HW 4415,6/RW 366,95)
lehmiger Sand (So = 4,51)
77/10a   Schottermatrix der oberen Hochterrasse westlich Pueblanueva
schluffiger Sand (So = 4,47)
Lokalität 2 (HW 4420,8/RW 351,7)

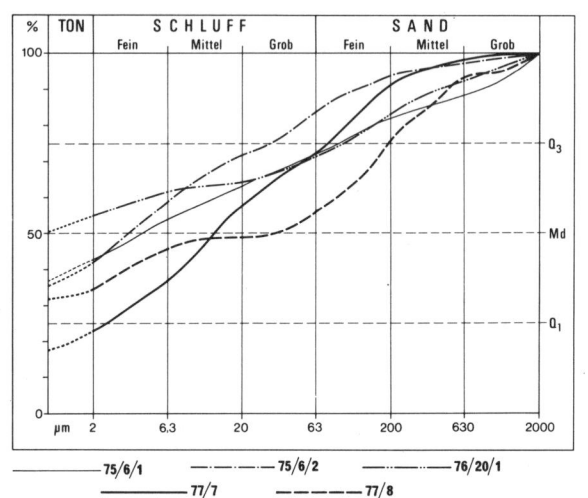

Abb. 34 Granulogramme der
75/6/1   Rañamatrix westlich Santa Ana de Pusa (s. Photo 32),
Lokalität 21 (HW 4403,2/RW 350,4)
sandig-toniger Lehm (Si » 6,3)
75/6/2   sandig-toniger Lehm (So » 3,87), Lokalität 21
77/7   Feinsedimente im Fangerpaket der Rañas bei Belvis de la Jara (s. Photo 25),
Lokalität 19 (HW 4401,4/RW 331,6)
77/20/1   Rañamatrix westlich Espinoso del Rey (s. Photo 30),
Lokalität 28 (HW 4390,8/RW 344,5)
sandiger Ton
77/8   Hangschuttmatrix aus verwittertem Quarzit westlich Espinoso del Rey, Lokalität 27 (HW 4392,8/RW 341,9)
sandig-toniger Lehm (So » 10)

Plasma, so daß es zur Bildung von Solen kommt, die sich nach dem **Eutrophieprinzip** an die Oberfläche, d.h. zu der Stelle mit der größten Feuchtigkeit bewegen. Dort bilden sie dann einen Anreicherungs- und Konkretionshorizont.
Dieser Eisenbelag verleiht den Geröllen die einheitliche dunkelbraune Farbe. Im Inneren dagegen verbleibt eine eisenverarmte, helle Magerzone.
Bis in 2m–2,5m Tiefe reicht dann eine Schicht, die sich sowohl farblich wie auch vom Sediment selbst von dem darunterliegenden Substrat abhebt. Sie zeigt eine leichte Verbraunung (Munsell Farbe 10 YR 6/8), und das Korngrößengemisch weist eine grundlegend andere Zusammensetzung auf. Die Matrix < 2mm besteht aus

lehmigem Sand mit einem Maximum im Bereich des Mittelsandes. Der Tongehalt ist mit 15 % relativ gering. Eine Abschätzung des Grobanteils > 2 cm zeigte, daß die gröberen Bestandteile im Vergleich zu dem darunterliegenden Sediment stark abnehmen.

Unter dieser Schicht beginnt dann ein festverbackenes **Raña-Sediment,** in dem unterschiedlich große Blöcke in eine sehr tonreiche Matrix eingebettet sind (75/13, 77/1, 77/20/1, Abb. 20, 21, 34). Die Längs- und Querachsen dieser Fanger sind im Gegensatz zu den Aufschluß-Analysen nördlich der Montes de Toledo in etwa gleich, und es konnte kein wesentlicher Unterschied zwischen gebirgsnahen und gebirgsfernen Messungen festgestellt werden (Abb. 35), wie auch aus den Verteilungskurven der Längsachsen der Profile 75/13, 75/27, 77/1 und 75/14 ersichtlich ist. Der Vergleich der Verteilungskurven mit dem Kolmogoroff-Test und der Mittelwert mit dem Student-Test bestätigen diese Ergebnisse (Abb. 36, 37).

Dazu muß allerdings gesagt werden, daß südlich Guadalupe auswertbare Aufschlüsse in gebirgsnahen Teilen sehr selten sind und sich auf Brunnengrabungen beschränken (Casa de Petra Pazos, SW Collado Martin Blasco). An dieser Stelle konnten im Aushub und in der Brunnenwand vereinzelt Blöcke bis zu 50 cm Durchmesser festgestellt werden. Sie gehen aber nicht mit in die morphometrische Analyse ein, da nur Korngrößen bis 15 cm berücksichtigt wurden.

Im Untersuchungsgebiet bei Talavera de la Reina waren die Rañas durch Straßenbau und natürliche Wasserrisse sehr gut erschlossen, so daß Vergleichsstudien der Ablagerungen vom Gebirgsrand bis in Tajo-Nähe möglich waren.

Die Bereiche, in denen die Aufschlüsse eine größere Mächtigkeit haben, zeigen neben der Differenzierung im oberen Sedimentkomplex (Probe 77/1 b–f, Abb. 20, 33, Photo 24) eine **Zweigliederung** der groben Fanger-Ablagerungen (Photo 25).

Westlich Espinoso del Rey liegen sie auf tiefgründig verwitterten, gebankten Quarziten. Die Grenze zum Fanger-Sediment ist scharf ausgebildet. Eine Vermischung ist kaum oder nur sehr schwach im Grenzbereich festzustellen (Abb. 38, 39).

3.2.1 Analyse der Rañamatrix

Zur weiteren Differenzierung der Rañas wurde die Matrix der Fanger mit Hilfe der Korngrößenanalyse untersucht.

Ein typisches **Korngrößenspektrum** zeigt der Aufschluß 75/13 (Abb. 40) nordwestlich Valdecaballeros. Kennzeichnend für alle Proben ist ihre schlechte Sortierung und der hohe Tonanteil (Abb. 21). Die Differenzierung von unten nach oben ist im gesamten Profil sehr gering. Es handelt sich um sandigen Lehm bis sandig-tonigen Lehm. Lediglich die Probe 75/13/5 hebt sich von den

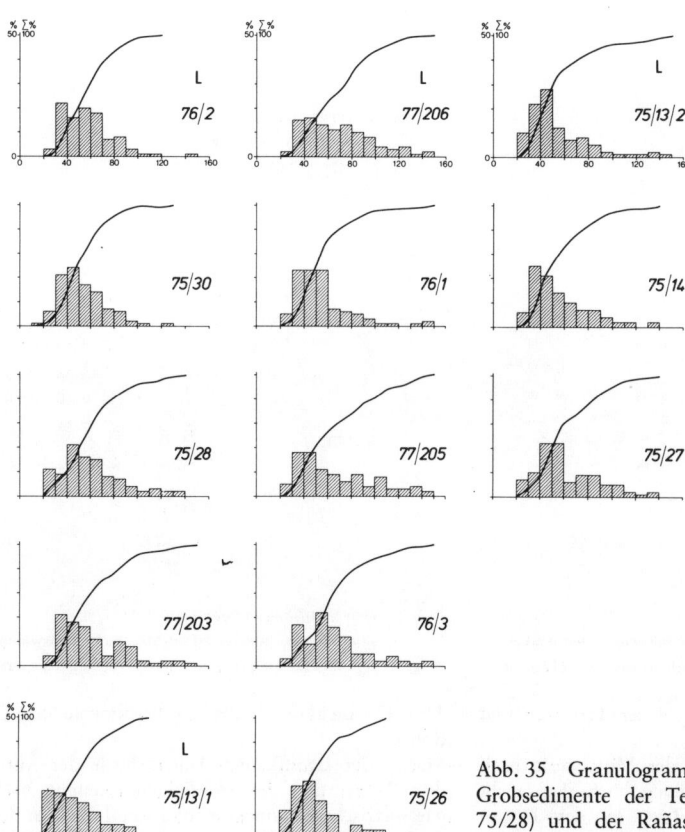

Abb. 35 Granulogramme der LÄNGSACHSEN (L) der Grobsedimente der Terrassen (76/2; 77/206; 75/30; 76/1; 75/28) und der Rañas (77/205; 77/203; 76/3; 75/13/2–1; 75/14; 75/26; 75/27).

übrigen Summenkurven durch ein geringes Maximum im Bereich des Feinsandes und durch den geringsten Tonanteil ab. Dies ist jedoch pedogenetisch durch eine Verlagerung von Tonpartikeln in der meridionalen Braunerde aus dem oberen Teil des Profils in tiefere Horizonte zu erklären. Dementsprechend steigt auch der Tonanteil in der darunterliegenden Probe auf fast 40% an.

Das Korngrößenspektrum des miozänen Untergrundes zeigt an dieser Stelle einen deutlichen Unterschied zu dem der Rañamatrix. Der sandig-schluffige Lehm mit einem Maximum im Bereich 20μ–200μ weist eine gute Sortierung auf. Da die Auslese in den darüberliegenden Sedimenten fehlt, kann an dieser Stelle keine Aufnahme des Untergrundmaterials in die Rañamatrix stattgefunden haben. Ähnliche Untersuchungsergebnisse ergaben die übrigen Analysen der Rañamatrix.

Auffallend ist, daß der Tonanteil in den unteren Teilen der Sedimente, die eine Einregelung der Grobkomponente parallel zur Transportrichtung zeigen, mit teilweise über 50% extrem hoch ist (76/20/1, 77/1b, Abb. 20, 34). Eine Sortierung tritt nicht auf. Die Verteilung ähnelt der in den Hangschuttdecken an den Quarzitzügen z.B. westlich Espinoso del Rey (77/8, Abb. 34), wo es sich um reine Verwitterungsdecken handelt.

Abb. 36 LÄNGE (L) der Grobsedimente der Terrassen und Rañas.

T-TEST

		76/2	77/206	75/30	76/1	75/28	77/205	77/203	76/3	75/16	75/13/1	75/14	75/26
FLUVIALE SCHOTTER	oHT 77/206	5,6											
	uMT 75/30	0	5,8										
	ÜT 76/1	0	0	5,6									
	oMT 75/28	0	0	0	5,6								
	77/205	0	0	0	0	6,1							
	77/203	x	0	x	x	0	7,0						
	76/3	0	0	–	0	0	0	6,4					
	75/16	–	0	x	x	0	0	0	6,8				
RAÑAS	75/13/1	0	0	0	x	x	x	–	x	5,5			
	75/14	–	x	0	0	x	x	x	x	0	5,0		
	75/26	0	0	0	0	0	x	0	x	0	0	5,6	
	75/27	–	0	0	0	x	x	x	x	0	0	0	5,1
		0	0	–	0	0	x	x	–	0	0	0	0	5,3

K-S-TEST

		76/2	77/206	75/30	76/1	75/28	77/205	77/203	76/3	75/16	75/13/1	75/14	75/26
FLUVIALE SCHOTTER	oHT 77/206	0											
	uMT 75/30	0	0										
	ÜT 76/1	0	0	0									
	oMT 75/28	0	0	0	0								
	77/205	–	0	x	x	0							
	77/203	0	0	0	0	0	0						
	76/3	0	0	x	x	0	0	0					
	75/16	–	0	0	x	–	–	–	x				
RAÑAS	75/13/1	–	x	0	0	–	x	–	x	0			
	75/14	0	0	0	0	0	0	x	0	0			
	75/26	–	0	0	0	–	x	–	x	0	0	0	
	75/27	0	0	0	0	0	x	x	x	0	0	0	0

0: = kein signifikanter Unterschied
–: = signifikanter Unterschied mit 95% Sicherheitswahrscheinlichkeit
x: = signifikanter Unterschied mit 99% Sicherheitswahrscheinlichkeit

Matrix der signifikanten Unterschiede der Mittelwerte nach dem T-Test und der Häufigkeitsverteilung nach dem nicht parametrischen Kolmogoroff-Smirnoff-Test. In der Diagonalen der T-Test-Matrix sind die Mittelwerte angegeben.

Abb. 37 BREITE (l) der Grobsedimente der Terrassen und Rañas.

T-TEST

		76/2	77/206	75/30	76/1	75/28	77/205	77/203	76/3	75/16	75/13/1	75/14	75/26
FLUVIALE SCHOTTER	oHT 77/206	4,0											
	uMT 75/30	x	4,8										
	ÜT 76/1	x	x	3,3									
	oMT 75/28	0	x	x	4,0								
	77/205	0	0	x	x	4,2							
	77/203	–	0	x	–	0	4,8						
	76/3	–	0	x	–	x	0	4,7					
	75/16	0	0	x	0	0	0	0	4,5				
RAÑAS	75/13/1	0	x	–	0	0	x	x	x	3,8			
	75/14	–	x	0	–	x	x	x	x	0	4,0		
	75/26	0	x	x	0	0	–	–	0	0	–	4,0	
	75/27	x	x	0	0	x	x	x	x	0	0	–	3,5
		0	0	x	0	0	0	0	0	–	–	0	x	4,3

K-S-TEST

		76/2	77/206	75/30	76/1	75/28	77/205	77/203	76/3	75/16	75/13/1	75/14	75/26
FLUVIALE SCHOTTER	oHT 77/206	x											
	uMT 75/30	x	x										
	ÜT 76/1	0	x	–									
	oMT 75/28	0	0	x	–								
	77/205	0	0	x	0	0							
	77/203	0	0	x	0	0							
	76/3	0	0	x	0	0	0	0					
	75/16	0	x	0	0	0	–	0	–				
RAÑAS	75/13/1	x	x	0	x	–	x	x	x	0			
	75/14	0	–	–	0	0	0	0	0	0	0		
	75/26	x	x	0	0	x	x	x	x	0	0	–	
	75/27	0	0	x	0	0	0	0	0	0	0	0	x

0: = kein signifikanter Unterschied
–: = signifikanter Unterschied mit 95% Sicherheitswahrscheinlichkeit
x: = signifikanter Unterschied mit 99% Sicherheitswahrscheinlichkeit

Matrix der signifikanten Unterschiede der Mittelwerte nach dem T-Test und der Häufigkeitsverteilung nach dem nicht parametrischen Kolmogoroff-Smirnoff-Test. In der Diagonalen der T-Test-Matrix sind die Mittelwerte angegeben.

Unter einer solchen Hangschuttdecke war nordwestlich Valdecaballeros in der Nähe des Aufschlusses 75/13 eine ältere **Verwitterungszone** freigelegt. Das Material (77/5 a und 77/5 b, Abb. 7) besteht zu mehr als 30% bzw. 50% aus Ton und zu 50% bzw. 30% aus Schluff. Die Probe 77/5 a hat einen höheren Tonanteil, da sie aus dem oberen Teil des Profils entnommen wurde und intensiver verwittert ist.

Die Verwitterungsrinde (Photo 26), die von einer jüngeren Hangschuttdecke fossilisiert ist, trägt im Korngrößenspektrum ähnliche Merkmale, wie wir sie für die Aufbereitung der Rañas entnehmen können.

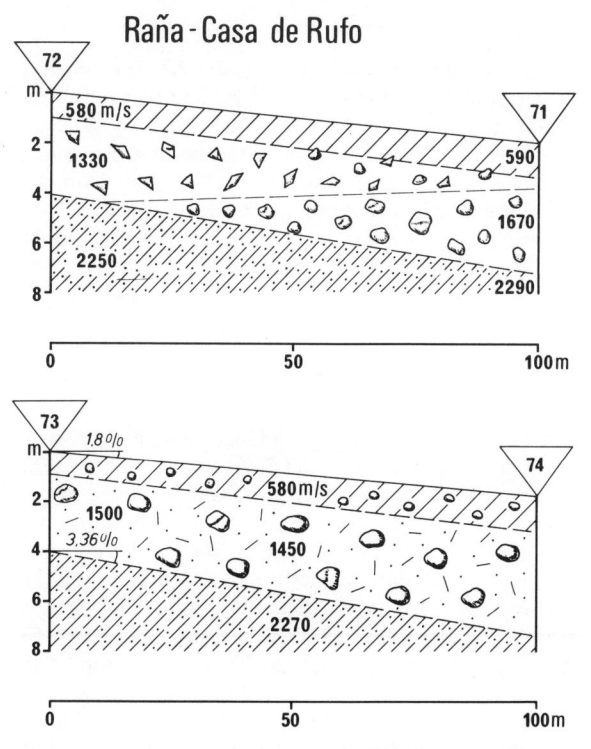

Abb. 38–39 Seismik-Profile aus dem Übergang Hang-Raña westl. Espinoso del Rey. Die Profile wurden in der Fallinie gemessen. Die Punkte 71 und 73 haben einen Abstand von 50 m. Am Punkt 72 wird die Verwitterungsdecke von Hangschutt überlagert. Hangabwärts (Punkt 74) bilden Rañas die Oberfläche.
Punkt 72: Lokalität 26 (HW 4392,2 / RW 343,6)

Eine **Mikroanalyse** eines unverwitterten Gesteinsblocks aus der Verwitterungsdecke (77/5 c, Photo 27), der zu über 90% aus Quarz besteht, zeigt ein dichtes Pflastergefüge mit schindelartigen Überlappungen. Die kantigen Komponenten deuten auf einen kurzen Transportweg der Quarzkörner vor der Ablagerung und Verfestigung zu Quarzit hin.

Die Mehrheit der Quarzkörner löscht undulös aus. Charakteristisch ist, daß in den Quarzkörnern Flüssigkeitseinschlüsse mit Gasblasen auftreten, die auf hohe Bildungstemperaturen hindeuten (Photo 28). Sie ermöglichen auch die Identifikation der Matrix als Verwitterungsprodukt des Gesteins.

Die Quarzkörner (Photo 29), die diese typischen Einschlüsse zeigen, sind in eine mikroskopisch nicht identifizierbare Matrix eingebettet. Es handelt sich, wie die Tonmineralanalyse zeigt, um Kaolinit und Illit mit geringen Mengen an Montmorillonit (Abb. 41).

Wenige Quarzkörner sind zerbrochen, wobei die Klüfte tonverfüllt sind. Es handelt sich dabei aber nicht um kataklastische Brüche durch Transportbeanspruchung. Die **Flüssigkeitseinschlüsse** sind sehr häufig linienhaft angeordnet und bilden somit Schwächezonen, an denen die chemische Verwitterung angreifen kann. Dringt dann Plasma, z.B. Tonminerale, in die so geöffneten Quarzite ein, sprengen sie durch Dehnung und Schrumpfung die Kristallstruktur.

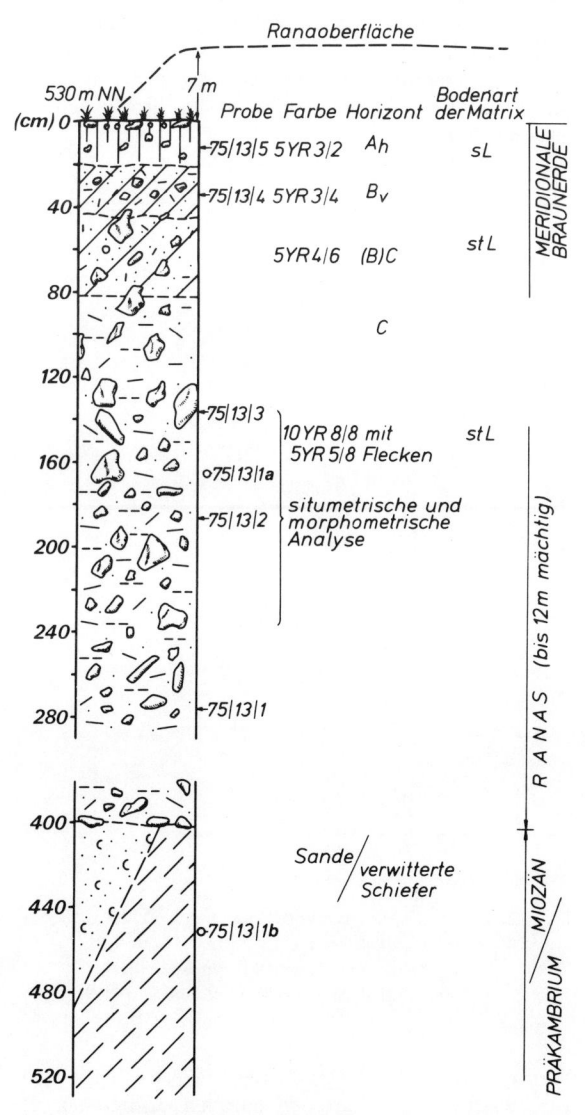

Abb. 40 Raña-Aufschluß über Miozän und devonischen Schiefern nordwestlich Valdecaballeros.
Lokalität 56 (HW 523,4 / RW 463,8)

Auf diese Art und Weise verwittern die dichten Quarzite und bilden in situ kantengerundete Blöcke in einer sehr tonreichen Matrix wie z.B. in dem Aufschluß nördlich Valdecaballeros (Photo 26).

Die Verwitterungsdecke, die bei Valdecaballeros ansteht, hatte ihre Entstehung möglicherweise schon im Tertiär. Der Aufschluß befindet sich ca. 60 m unterhalb der Mesas de la Raña und ist von ihnen durch einen Quarzitriegel abgetrennt.

Da die benachbarten Rañas aber auf miozänen Sedimenten liegen, ist anzunehmen, daß zumindest ein großer Teil der gesamten Ausraumzone zwischen Valdecaballeros und Castilblanco mit Lehmen und Sanden des Miozän verfüllt war, die die Verwitterungsdecke plombierten. Im Pleistozän wurden dann die Rañas, die übrigen tertiären Ablagerungen und teilweise auch die Verwitterungsdecke abgetragen. Lediglich in der Fußzone der Quarzithärtlinge wurde sie durch Hangschuttdecken verschüttet und ist bis heute so erhalten geblieben.

Sind die Quarzite nur grob oder gar nicht gebankt, entstehen durch Verwitterung in situ große kantengerundete Blöcke.

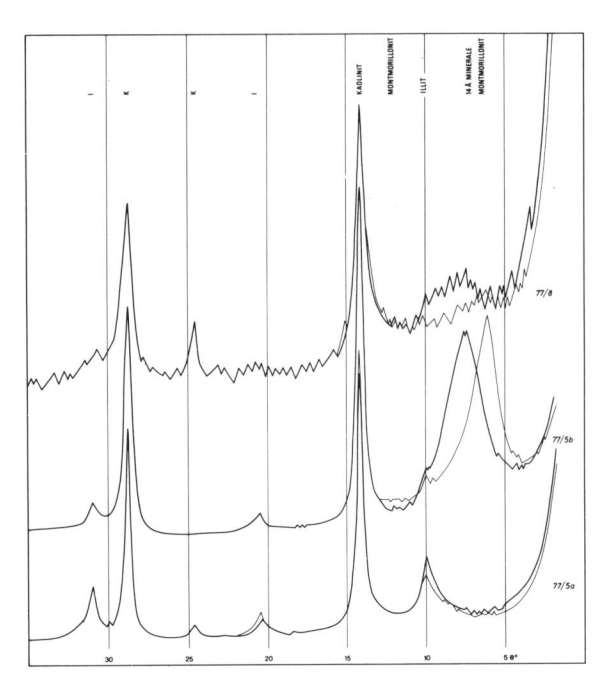

Abb. 41 Röntgendiagramme

77/5a & 77/5b Quarzitverwitterung, nördl. Valdecaballeros
Lokalität 58 (HW 522,6 / RW 464,9)
77/8 Hangschutt westl. Espinoso del Rey
Lokalität 27 (HW 4392,8 / RW 341,9)

Werden dagegen geringmächtige Wechsellagerungen von weichen und harten Quarziten aufbereitet, so bilden sich auch kleinere Fragmente. Die **Struktur des Ausgangsgesteins** ist also ausschlaggebend für die Größe und Gestalt der Raña-Fanger, denn wie die morphometrische Analyse zeigen wird, ist nicht so sehr die Transportbeanspruchung für die Rundung der Quarzitstücke formgebend.

An der Straße von Belvis de la Jara nach La Nava de Ricomanillo bei km 105,5 ist ein solcher Verwitterungshorizont durch den Straßenbau freigelegt (Photo 5, 6). Auf einer Breite von ca. 3–4 m ist eine Sequenz von festen, gebankten Quarziten über an Klüften abgerundeten Blöcken zu kantengerundeten Steinen ähnlich den Raña-Fangern sichtbar. Da teilweise die Gesteinslagerung noch vorhanden ist, scheidet eine Transportbeanspruchung aus.

3.2.2 Die Situmetrie der Raña-Fanger

Um den Prozeß der Rañabildung zu analysieren wurden Einregelungsmessungen der Grobkomponenten der Rañas durchgeführt. Dabei wurden nach Möglichkeit Messungen in einer Schüttungsrichtung in gebirgsnahen und gebirgsfernen Teilen der Rañas vorgenommen. Sehr aufschlußreich waren auch die Unterschiede der Einregelung innerhalb eines Profils zwischen **oberflächennahen** und **basalen** Teilen des Sediments. Vergleiche dieser Art waren aufgrund der bereits vorhandenen Aufschlüsse im Arbeitsgebiet bei Talavera de la Reina gut möglich.

Ein typisches gebirgsnahes Profil (76/20/3) der Rañas befindet sich westlich Espinoso del Rey (Photo 30).

Die Basis-Fanger sind hier am Gebirgsfuß sehr grob, mit Blöcken mit Längs- und Querachsen bis zu 60 bis 70 cm. Aber auch diese groben Komponenten weisen direkt am Ausgang des Gebirges eine Zurundung auf, die nicht allein durch die Transportbeanspruchung entstanden sein kann, sondern durch Verwitterung begünstigt worden sein muß. Einregelungsmessungen (Abb. 28, Situgramm 19) ergaben ein Maximum für den Sektor I, also parallel zur Transportrichtung. Das deutet darauf hin, daß im gebirgsnahen Bereich der basale Teil der Rañas durch einen Prozeß ähnlich der Solifluktion transportiert wurde (STÄBLEIN 1970: 77).

Bestätigt wurde dieses Ergebnis auch durch Einregelungsmessungen östlich Espinoso del Rey (Abb. 28, Situgramm 20). Dieses **murartige Bodenfließen,** auf das für die Rañabildung bereits FISCHER (1977) hingewiesen hat, scheint an einigen Stellen bis weit ins Vorland hineingereicht zu haben, denn westlich Santa Ana de Pusa sind die Fanger an der Basis ebenfalls parallel zur heutigen Transportrichtung eingeregelt, jedoch begrenzt auf die untersten Teile (Abb. 28, Situgramm 17). Die Blöcke erreichen hier in etwa 10 km Entfernung von den Sierren mit 15–20 cm maximaler Länge bei weitem nicht die Ausmaße wie am Gebirgsfuß.

Im Aufschluß 76/20/3 östlich Espinoso del Rey nimmt in etwa 2–3 m über der Rañabasis der Anteil der groben Blöcke ab, die Maximalgröße beträgt nur noch 20 bis 25 cm. Die Ergebnisse der Einregelungsmessungen zeigen für diesen Bereich ein geringfügiges Maximum im Sektor II, diese Abweichung von der Gleichverteilung ist jedoch bei dem gebirgsnahen Aufschluß östlich Espinoso del Rey nicht signifikant und entspricht den Beobachtungen an den Rañas und rezenten Torrenten bei Guadalupe. Die Einregelungsmessungen in rezenten Torrenten im Arbeitsgebiet zeigten (Abb. 42, Situgramme 1,13), wie auch HEMPEL (1972) feststellte, daß die Schutt- und Schotterablagerungen der heutigen Talböden keine Einregelung mit präferenten Richtungen besitzen. Selbst bei Berücksichtigung von mäandrierenden Abflußrichtungen bei extremer Wasserführung zeigten die Regelmessungen aller Grobkomponenten Situgramme einer ungeordneten Masse. Das weist für diese Phase der Rañabildung auf einen Prozeß hin, der den Transport- und Sedimentationsvorgängen in den **heutigen Torrenten** vergleichbar ist.

In großer Entfernung, etwa bei Belvis de la Jara oder östlich Alcaudete de la Jara, ist das Vorherrschen des Sektors II **diagonal** zur Transportrichtung deutlicher und von der Gleichverteilung signifikant verschieden (Abb. 28, Situgramm 15). Sie entspricht dem Charakter ähnlicher Flächenablagerungen in der Vorderpfalz (STÄBLEIN 1968:89).

Die basale Ablagerung mit den sehr großen Blöcken und der Einregelung parallel zur Transportrichtung fehlt in den Aufschlüssen in Tajo-Nähe.

Im Straßeneinschnitt südwestlich Belvis de la Jara wird der untere Teil der Rañas, der etwa 3–4 m mächtig ist, von einer Fangerdecke überlagert, die eine deutliche Schichtung aufweist (Photo 25). Sie zeigt **Wechsellagerungen** von gröberen und feineren, gerundeten Quarziten in einer schluffig-lehmigen Matrix. Die Schichtung verläuft nicht immer geradlinig und horizontal, sondern weist Mulden und Sättel auf. Einzelne Mulden sind mit einem schluffig-sandigen Lehm ohne gröbere Bestandteile gefüllt (77/7, Abb. 34). Für diesen Sedimentkomplex muß fließendes Wasser das wesentliche Transportmittel gewesen sein. Dabei haben sich Phasen starker Wasserführung mit gleichmäßigen, langsamen Fließgeschwindigkeiten abgelöst. Die Verlagerung der Abflußbahnen führte dazu, daß einzelne Gerinne trocken fielen oder durch Stillwasserablagerungen verfüllt wurden (77/7, Abb. 34).

Die situmetrische Analyse bestätigt diese Vermutung.

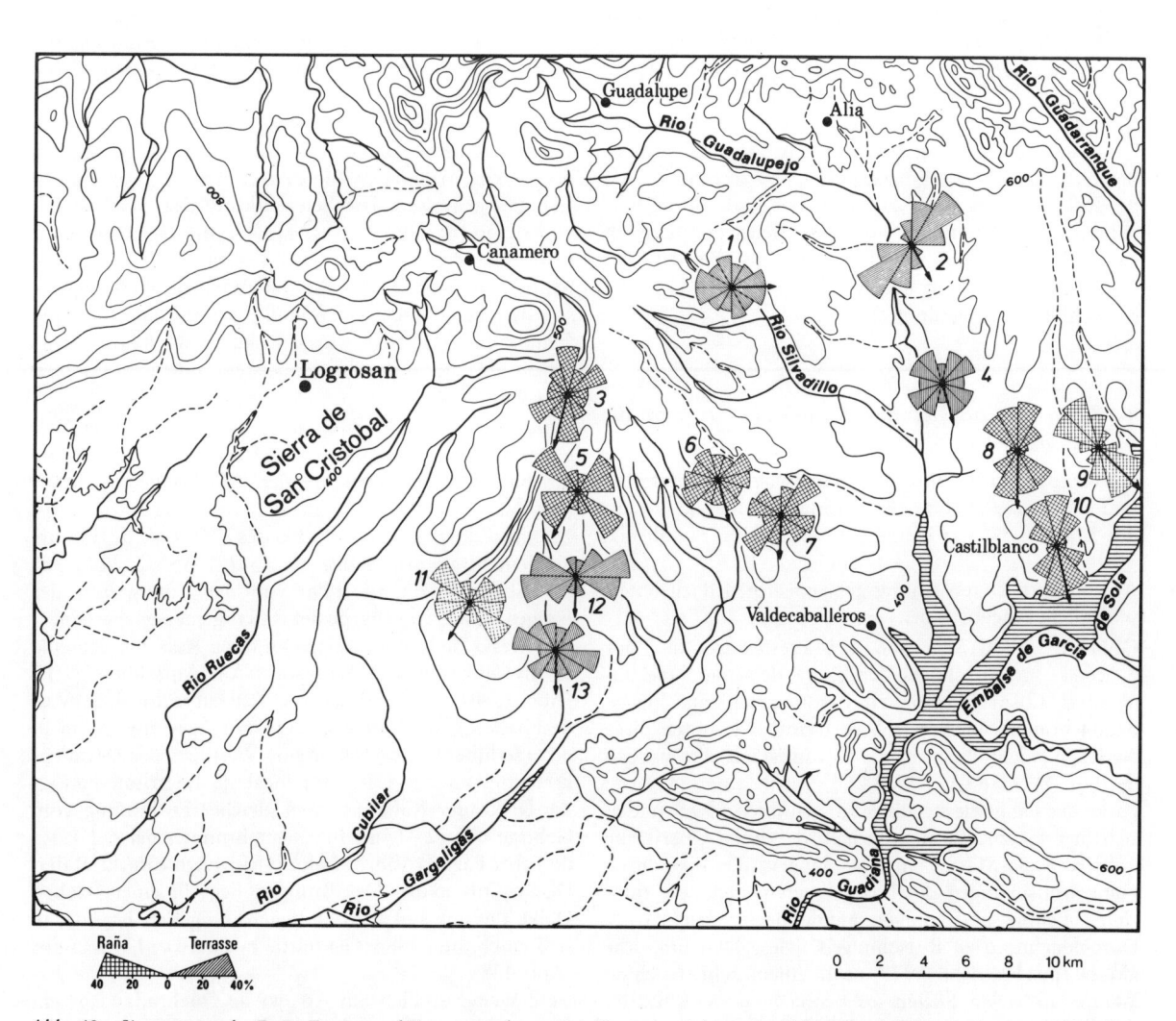

Abb. 42 Situgramme der Raña-Fanger und Terrassenschotter mit Transportrichtung im Gebiet Guadalupe.

Ein deutliches Maximum im Sektor III senkrecht zur Transportrichtung konnte im oberen Teil des Aufschlusses südwestlich Belvis de la Jara registriert werden (Abb. 28, Situgramm 16).

Ähnliche Beobachtungen wurden auch südlich Guadalupe gemacht. Da hier die Ausdehnung der Rañas heute nicht mehr so weit ins Vorland reicht, ist die fluviale querachsige Einregelung weniger stark ausgeprägt (Abb. 42, Situgramme 5, 6, 7).

Auf den Rañas de las dos Hermanas im Arbeitsgebiet südlich der Montes de Toledo zeigen selbst die Situgramme im südlichsten Bereich bei Castilblanco eine Einregelung parallel zur Transportrichtung (Abb. 42, Situgramme 8–10). Aufgrund der Aufschlußverhältnisse konnten allerdings die Rañas hier nur an der Basis untersucht werden.

In den Mesas de la Raña südöstlich Cañamero zeigen die Situgramme ein differenzierteres Bild: Am Talausgang des Rio Ruecas südlich des Collado Martin Blasco tritt neben dem Maximum im Sektor I ein zweites Maximum im Sektor II auf (Abb. 42, Situgramm 3). In den Sedimenten weiter nach Südwesten nimmt der Klassenanteil in diesem Sektor II weiter zu, und bei km 55 der Straße Villanueva de la Serena nach Guadalupe am südlichsten Punkt der Mesas de la Raña liegen fast 50% der Steine quer zur Transportrichtung (Abb. 42, Situgramm 11).

Ein Vergleich der Situgramme nordwestlich Castilblanco zeigt, daß die Einregelung im vertikalen Aufbau der Rañas differenziert ist. An der Basis weicht die Verteilung nicht signifikant von der Gleichverteilung ab (Abb. 42, Situgramm 6). Etwa 4–5 m oberhalb der Untergrenze jedoch ist der Sektor II mit über 50% besetzt (Abb. 42, Situgramm 7).

3.2.3 Die Mächtigkeit des Raña-Sediments und die Präraña-Landschaft

Große Bedeutung für die genetische Interpretation und die Prozeßanalyse der Formungsdynamik kommt der Mächtigkeit der Fangerdecken in ihrer räumlichen Verteilung zu.

Aus anderen Untersuchungsgebieten liegen dazu unterschiedliche Angaben vor.

OEHME (1936:31) maß bei Fresnedoso de Ibor (Caceres) im Nordflügel der Sierra de Guadalupe annähernd 120 m Mächtigkeit barometrisch ein. Eigene Beobachtungen im Bereich des Ibortales konnten diese Auflagen nicht bestätigen. Nordwestlich Fresnedoso de Ibor (HW 569,5, RW 447,3) wurde eine maximale Dicke der Fangerdecke von 25 m gemessen. Zwar finden sich hier bis zu 120 m unterhalb der Raña-Oberfläche größere Raña-Massen an den Hängen, die aber durch Hangabrutschungen dorthin gelangten, denn die miozänen Lehme und tonigen Sande neigen bei starker Durchfeuchtung zu Rutschungen. Diese Dynamik war aktuell im Frühjahr 1977 nach einem sehr feuchten Winter an vielen Stellen zu beobachten (STÄBLEIN, GEHRENKEMPER 1977) (vgl. Photo 31).

Die Mächtigkeit von 120 m, wie sie OEHME beschreibt, ist eine Ausnahme. Untersuchungen Raña-ähnlicher Ablagerungen ergaben zwar bisher unterschiedliche Sedimentmächtigkeiten, die jedoch in dem Bereich von 1 m bis zu 20 m schwankten. FISCHER (1974:9) hat im Bullaque-Becken nur bis zu 2 m Rañasedimente gemessen.

HERNANDEZ-PACHECO, F. (1965:5) hat im Bereich der Sierra de la Somosierra ebenfalls 1,5–2 m Sedimentauflage für die dortigen Rañas beschrieben. Auch JIMENEZ & AMOR (1975) konnten bei ihren Analysen im Gebiet des Rio Cedena nur Aufschlüsse bis zu einer Mächtigkeit von 5 m ausmessen.

In älteren Untersuchungen (RAMIREZ 1952, QUELLE 1917, HERNANDEZ-PACHECO 1950) werden zu dieser Frage keine Angaben gemacht. Der Grund dafür liegt wohl in erster Linie darin, daß eine direkte, exakte Messung nur sehr schwer und punktuell möglich ist.

Die natürlichen Aufschlüsse, die durch Wasserrisse bedingt sind, beschränken sich auf die äußeren Enden der einzelnen Raña-Riedel. An den Hängen ist die Sedimentgrenze durch die Verlagerung der Fanger hangabwärts nur sehr schwer erkennbar. Für die Rañas südlich der Sierra de Guadalupe konnten so an Aufschlüssen in den gebirgsfernen Teilen folgende Sedimentdicken festgestellt werden:

Nördlich Castilblanco wurde auf den Rañas de las dos Hermanas im Aufschluß 77/1 (Abb. 33, Photo 24) ein 6,0–7,5 m mächtiges Raña-Paket über den miozänen Lehmen gemessen. Die **Schwankung der Mächtigkeit** von 1,5 m hat ihre Ursache nicht in Meßungenauigkeiten, sondern ist durch den Verlauf der Untergrenze bedingt. Sie ist nicht wie die Raña-Oberfläche tischeben, sondern zeigt auch kleinräumig bereits eine Wellung (Photo 24, 32). Dies wurde bisher wohl häufig übersehen, da die Aufschlüsse meistens einen zu kleinen Ausschnitt zeigen.

Durch Straßenbaumaßnahmen wurden in jüngster Zeit einige größere Einschnitte in die Rañas geschaffen, die erhebliche Variationen in der Mächtigkeit sichtbar machen.

2,5 km südöstlich des Aufschlusses 77/1 (Lok. 52) konnte an dem Straßeneinschnitt bei 75/27 (Abb. 2, Lok. 53) ein Abstand von 12–13 m von der Untergrenze der Fanger bis zur Oberfläche der Rañas gemessen werden.

Die Mesas de la Raña zeigen an ihren Aufschlüssen eine relativ einheitliche Mächtigkeit. Am Aufschluß 75/13 (Abb. 2, 40, Lok. 56) war die Carretera local de Valdecaballeros am Rande des Quarzitzuges etwa 12 m in das Sediment eingeschnitten. Westlich der Straßenkreuzung an der Carretera local de Logrosan beträgt die Dicke der Rañas in etwa gleicher Entfernung vom Gebirge ca. 12–15 m. In einem Brunnen bei der Casa de Petra Pazos (Abb. 2, Lok. 54) ist nach 8 m die Raña-Decke durchteuft. Der Brunnen liegt in einer flachen Delle, die um 3–4 m in die Fläche eingetieft ist, so daß sich auch hier eine Gesamttiefe von ca. 12 m ergibt (Abb. 43).

5 km weiter südlich am Arroyo de Quebradas legt ein Wasserriß ein 11 m mächtiges Sediment frei.

Weiter westlich im Aufschluß 76/14 an der Carretera local de Villanueva de la Serena a Guadalupe wurden 14 m Höhenunterschied von der Untergrenze bis zur Raña-Oberfläche gemessen.

Alle Aufschlüsse liegen mindestens 7–8 km vom Gebirgsrand entfernt, und es zeigt sich eine geringe Zunahme der Mächtigkeit von den gebirgsnäheren zu den distalen Bereichen. Eine Ausdünnung vom Gebirgsrand hinweg, wie sie WENZENS (1977:72) von 12 auf 3 m aus dem nördlichen Vorland der Montes de Toledo annimmt, konnte im gebirgsfernen Bereich der Rañas nicht festgestellt werden.

Da in den gebirgsnahen Teilen der Rañas auswertbare Aufschlüsse selten vorhanden sind und Bohrungen mit den vorhandenen Mitteln in den quarzitischen Sedimenten nicht möglich waren, wurden die Auflagerungen mit Hilfe der **Refraktionsseismik** untersucht (Kap. 6.6). Es stellte sich dabei heraus, daß die größten Mächtigkeiten, die im unteren Teil der Rañas gemessen wurden, bis an den Gebirgsrand heranreichen. So konnte die an der Casa de Petra Pazos im Brunnen ausgelotete Tiefe von ca. 8 m unter Geländeoberkante mit rund 8 m bestätigt werden (Abb. 43).

Am Collado Martin Blasco wurde der Übergang der Hänge in die Flächen der Rañas untersucht. Die Auswertung der Laufzeitkurven ergab, daß bereits dicht an der Konkaven des Hangknicks eine Mächtigkeit von bis zu 10 m erreicht ist (Abb. 17, 18). Auch auf den Rañas de las dos Hermanas war in 500 m vom unteren Hangknick die Mächtigkeit von 8 m für die Raña-Decke erreicht (Abb. 15).

Etwa 10 km weiter südlich wurden auf dem gleichen Raña-Kegel nördlich Castilblanco bei Lok. 52 6–7,5 m ausgemessen. Der Vergleich der gemessenen Tiefen der Schichtgrenzen zeigt, daß es keine gleichmäßige Ausdünnung der Fangerdecken im südlichen Vorland der Sierra de Guadalupe gibt.

Die Ergebnisse der Seismik bestätigen die Annahme, daß die Untergrenze der Rañas nicht aus einer ebenen Fläche besteht, sondern **flachwellige** bis **hügelige** Gestalt hat, wie bereits aus dem Charakter der Rañas und der Verteilung der Aufschlüsse zu vermuten war. Das Grundwasser tritt vornehmlich an bestimmten Stellen der Raña-Stirnflächen und in den Talschlüssen der einzelnen Arroyos aus. Als Erklärung bietet sich an, daß das Wasser an der Grenze am Raña-Untergrund entlang von **Tiefenlinien** fließt, die die gleiche Gefällsrichtung haben wie die heutige Oberfläche der Rañas (Abb. 22). Die Täler, die die Rañas zerriedeln, zeichnen diese ehemaligen Tiefenlinien nach, da sie sich durch rückschreitende Erosion in die Fächer eingeschnitten haben. Auf diese Täler ist natürlich heute auch die periodisch auftretende oberflächliche Entwässerung eingestellt, die im Laufe der Zeit flache Mulden in die Ebenen eingesenkt hat.

Auch die seismischen Profile im Gebiet der Casa de Petra Pazos (Abb. 43) weisen darauf hin. Die Tiefenlinie an der Oberfläche der Rañas liegt genau über einer Tiefenlinie der Untergrenze des Sediments. Etwa 500 m weiter nach Süden beginnt der steile Taleinschnitt des Arroyo de Quebredas, der durch den Quellaustritt an der Untergrenze der Rañas ausgeräumt ist, worauf auch die oberflächliche Mulde ausgerichtet ist.

Geht man nun von der Vorstellung aus, daß die heutigen Abflüsse die Tiefenlinien der Prärañalandschaft nachzeichnen, so erklären sich auch die unterschiedlichen bzw. einheitlichen Sedimentmächtigkeiten.

Die Rañas hatten nach der Ablagerung im Bereich der heutigen Arroyos ihre größte Mächtigkeit. In den mittleren Teilen der Riedel ist die Sedimentdecke vergleichsweise dünner, wie die Ergebnisse der Seismik in den zentralen Teilen der Rañas de las dos Hermanas und den Mesas de la Raña zeigen (Abb. 44–48).

Mehrere seismische Profile im gebirgsnahen Teil der

Rañas - Casa de Petra Pazos

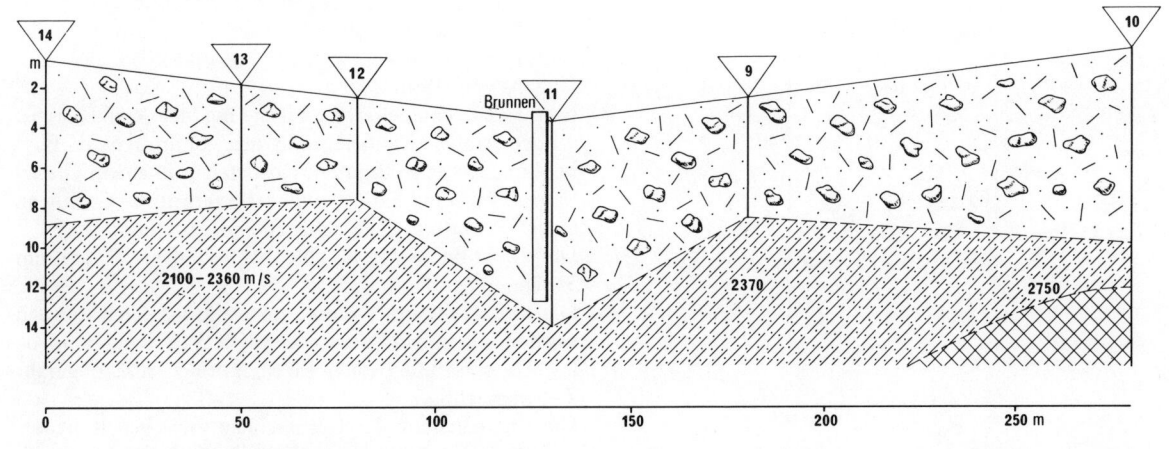

Abb. 43 Seismik-Profil quer zum Gefälle der Rañaoberfläche. Die Mulde an der Oberfläche hat eine entsprechende Tiefenlinie an der Raña-Basis, da die Oberflächenentwässerung auf Quellaustritte ausgerichtet ist (Auswertung mit Wiechert-Herglotz-Verfahren).
Punkt 10: Lokalität 54 (HW 525,7 / RW 459/25)

Rañas de las dos Hermanas ergeben einen deutlich reliefierten Untergrund. Auf einer Länge von ca. 350 m variiert die Mächtigkeit zwischen 4 m und 7,5 m, d. h. das Basisrelief stimmt nicht mit der heutigen Oberfläche überein (Abb. 46).

An den Rändern der einzelnen Raña-Riedel ist, wie erwähnt, die Mächtigkeit in den wenigen natürlichen Aufschlüssen etwa gleich, da die Auflösung der Rañas von den Tälern gleichmäßig fortgeschritten ist. Erst wenn die Täler die Riedel sehr stark aufgezehrt haben, wie etwa nord-nord-westlich Castilblanco (77/1, Abb. 2) nimmt die Raña-Mächtigkeit ab. Auf der östlichen Seite dieser Fläche dagegen (75/27, Abb. 2) ist die Ablagerung noch erheblich größer.

So ist der Grad der Auflösung der Rañas maßgebend für die Mächtigkeit des Sediments an seinen Rändern.

Dies erklärt auch, daß OEHME (1936:31) im Ibortal bei Fresnedoso de Ibor im Nordflügel der Sierra de Guadalupe ein Rañasediment von 120 m Dicke festgestellt hat, wo sich Reste der Rañavorlandfläche, in einzelne Mesas aufgelöst, wie die Mesas de Ibor oder la Rañuela, südlich in das Tal des Ibor hineinverfolgen lassen (STÄBLEIN, GEHRENKEMPER 1977:417). Die Präranafläche war hier also noch wesentlich stärker reliefiert als etwa die vorwiegend in miozänen Sedimenten angelegten, welligen oder hügeligen Flächen südlich der Sierra de Guadalupe. Es kann sein, daß an vereinzelten Stellen im Ibortal noch Reste einer Talverschüttung, die noch nicht durch rückschreitende Erosion aufgezehrt wurde, erhalten blieben.

Die durchschnittliche Mächtigkeit der Rañas südlich der Sierra de Guadalupe variiert von 1–2 m bis zu maximal 17 m, wobei die heute erhaltene Mächtigkeit von den randlichen Teilen der Riedel zur Mitte hin abnimmt. Mit der Entfernung vom Gebirge zeigt sich jedoch kaum eine Differenzierung.

Die Untersuchungen der Mächtigkeiten des Rañasediments im Gebiet südlich Talavera de la Reina bestätigt die Beobachtungen südlich der Sierra de Guadalupe. Die gemessene Sedimentauflage variiert zwischen 5 m und 17 m.

Am Rande der Sierren westlich Los Navalmorales konnte eine Sedimentmächtigkeit von 14 m, bei Espinoso del Rey in einem Wasserriß von 11 m gemessen werden.

Bei Belvis de la Jara in der Nähe des Tajo ist die Straße Alcaudete de la Jara–La Nava de Ricomanillo ca. 15 m in die Rañas eingeschnitten. Ein Abrutschen der Fanger, das an anderer Stelle beobachtet wurde, scheidet hier aus, da der Aufschluß noch sehr jung und gut erhalten ist. Dies zeigt, daß die Sedimentdecken sowohl im peripheren wie im distalen Bereich der Sierren gleiche Mächtigkeiten erreichen können und nicht grundsätzlich ausdünnen.

In den Zwischenbereichen wurden jedoch häufiger kleinräumige Schwankungen der Mächtigkeiten festgestellt. Westlich Santa Ana de Pusa schwankt die Sedimentmächtigkeit zwischen 2 m und 13 m, bei einer Distanz von 500 m.

Eine solche muldenartige Eintiefung der Rañabasis ist an der Straße Alcaudete de la Jara–Santa Ana de Pusa bei km 12,6 angeschnitten. Dort stehen in einem Grenzbereich miozäne Sande und stark vergruster Granit an einer Verwerfung dicht nebeneinander an (Photo 32). Die Raña-Basis variiert hier auf kleinem Raum um 3–4 m.

Die Rañas, die im Vorland am weitesten nach Norden noch erhalten sind, etwa westlich San Bartolomé de las Abiertas und östlich El Membrillo, sind ungefähr 7–9 m mächtig.

Die Untersuchung der Grenzschicht zwischen Rañaauflage und Untergrund mit Hilfe der Refraktionsseismik war im Arbeitsgebiet um Talavera de la Reina nur beschränkt möglich, da dort, wo die Fanger über miozänen Sanden liegen, die Ausbreitungsgeschwindigkeit der

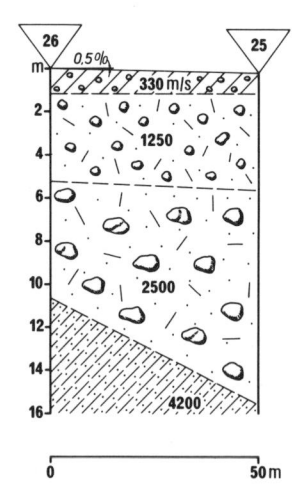

Abb. 44 Seismik-Profil senkrecht zum Fallen der Rañaoberfläche. Es zeigt das Gefälle der Rañabasis zum Rand des Riedels.
Punkt 25: Lokalität 47 (HW 530 / RW 641,2)

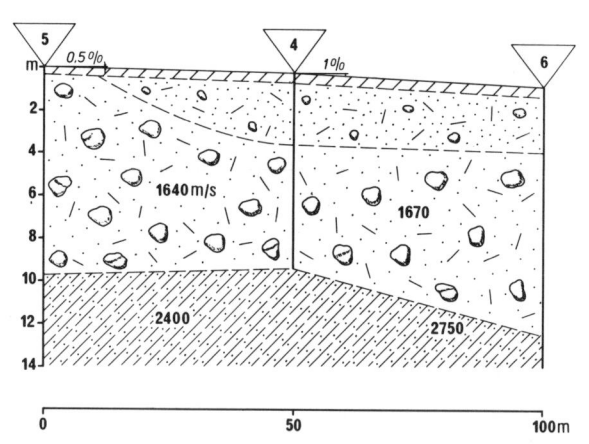

Abb. 45 Seismik-Profil auf den Mesas de la Rañas. Unter 30 cm mächtiger Bodenbildung (Pflugtiefe) bei Punkt 4 und 6 liegt lockeres Feinsediment, das bei Punkt 5 durch postrañazeitlichen Ausgleich von Unebenheiten abgetragen worden ist. Möglicherweise eine alte Abflußrinne auf den Rañas.
Punkt 5: Lokalität 44 (HW 528,8 / RW 4582)

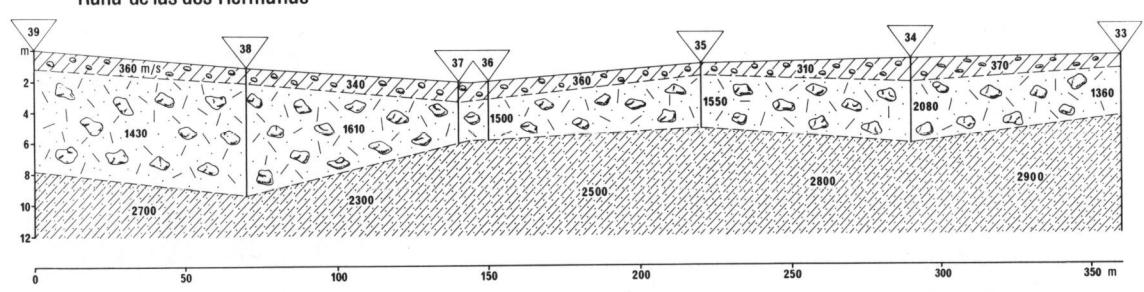

Abb. 46 Seismik-Profil auf Rañas de las dos Hermanas senkrecht zum Oberflächengefälle am Gebirgsrand. Die Basisfläche weicht von der Oberfläche erheblich ab.
Punkt 36: Lokalität 37 (HW 537,2 / RW 477 / 2).

seismischen Wellen im Untergrund häufig geringer als in der Deckschicht ist. Damit ist eine Grundvoraussetzung der Refraktionsseismik nicht gegeben. Bei den Untersuchungen bestätigte sich jedoch die Vermutung, daß die Rañas auch am Gebirgsfuß nicht auf festem Fels liegen, sondern eine tiefgründige Verwitterungsrinde verdecken.

Westlich Espinoso del Rey konnte bei 100 m Auslage des Profils eine maximale Ausbreitungsgeschwindigkeit der seismischen Wellen von 2200–2300 m/s gemessen werden (Abb. 38, 39).

Für den anstehenden unverwitterten Fels, hier quarzitischer Schiefer aus dem Kambrium, sind aber mindestens 3300–4000 m/s zu erwarten. Setzt man den Knickpunkt bei der Auswertung bei 100 m an, so ergibt sich eine Intercept-Zeit von 28 ms.

Daraus resultiert eine **minimale Schichtmächtigkeit** der Verwitterungsdecke über dem festen Fels von rund 33–34 m bei einer Entfernung von ungefähr 100 m vom Übergangsbereich der Hänge zu den Rañas.

Südlich der Montes de Toledo wurde ebenfalls der Übergang von der hervorragenden Sierrenkette zu den Rañas de las dos Hermanas untersucht. Dabei zeigte sich ein ähnliches Ergebnis (Abb. 14, 15, 46).

Der Punkt 3 liegt im unteren Hangbereich der Höhe Bimbreras (883 m ü. NN). Die Geschwindigkeit der seismischen Wellen von 1400 m/s ist typisch für die Hangschuttdecken, die hier in der Fußzone ca. 12 m mächtig sind. Darunter steigt dann die Ausbreitungsgeschwindigkeit im unverwitterten armorikanischen Quarzit auf über 4000 m/s an.

Das seismische Profil (Abb. 14) wurde wie üblich auch im Gegenschuß mit 130 m Auslage hangabwärts auf die Rañas zu gemessen (Punkt 4). Dabei stellten sich jedoch ganz andere Laufzeiten heraus. Die zweite Schicht mit 1800 m/s besteht wahrscheinlich nicht mehr aus Hangschutt, sondern bereits aus Raña-Fangern. Doch das darunter lagernde Gestein mit einer Ausbreitungsgeschwindigkeit von 3100–3200 m/s ist nicht mehr der solide Fels, sondern eine Verwitterungszone oder miozänes Sediment, was sich aus den Ergebnissen der Seismik nicht näher differenzieren läßt. Das unverwitterte Anstehende muß hier mindestens 30–35 m tief liegen. Denn setzt man eine Ausbreitungsgeschwindigkeit der seismischen Wellen von 4130 m/s voraus, wie das am Punkt 3 der Fall ist, so ergibt sich bei 130 m Auslage eine Intercept-Zeit von 22,5 ms. Daraus resultiert eine Minimaltiefe von ca. 32 m. Es kann also angenommen werden, daß die untersuchten Rañas

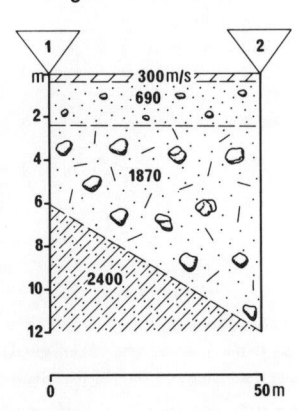

Abb. 47 Seismik-Profil bei der Laguna de los Patos. Die Mächtigkeit des Raña-Sediments variiert am Rande eines Quarzithärtlings sehr stark. Das Anstehende wurde nicht erreicht.
Punkt 1: Lokalität 43 (HW 329,8 / RW 4584)

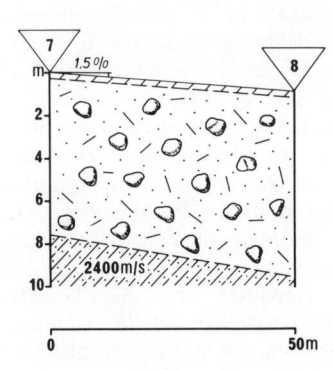

Abb. 48 Seismikprofil in Gefällsrichtung der Rañaoberfläche. Die Mächtigkeit variiert nur geringfügig. (Auswertung mit dem Wiechert-Herglotz-Verfahren).
Punkt 7: Lokalität 45 (HW 528,6 / RW 459,2)

weder südlich Guadalupe noch bei Talavera de la Reina direkt auf festem unverwittertem Fels auflagern. Selbst am Gebirgsrand (Photo 30) ist der Fels tiefgründig verwittert.

3.3 Die Morphometrie der Grobsedimente

Zur besseren Kennzeichnung der Terrassen- und Raña-Sedimente wurden die Fanger und insbesondere die altpleistozänen Schotter morphometrisch untersucht. Es wurden durch Messungen der Hauptachsen – **Länge L, Breite l, Dicke E** – und der kleinsten Krümmungskreisradien in der ersten Hauptebene L × l, sowie durch deren rechnerische Kombination Indexwerte der Formeigenschaft der Steine von 2–15 cm bestimmt.

Von den vierzehn gemessenen bzw. errechneten Indizes erwiesen sich nur die Länge, die Breite und die Zurundungsindizes der Steine nach CAILLEUX (1952) und KUENEN (1956) sowie der Abplattungswert nach CAILLEUX (1952) und LÜTTIG (1956) als brauchbare Parameter zur vergleichenden Kennzeichnung der Sedimente. Außerdem bestätigten sich auch die einschränkenden Grundsätze für die Interpretation der Maßzahlen, wie sie STÄBLEIN (1970:53, 57, 69; 1972a) bereits durch umfangreiche und intensive Vergleichstests erkannt hat.

Der Vergleich der Mittelwerte mit Hilfe des **Student-Tests** und der Verteilungen mit dem nicht parametrischen **Kolomogoroff-Smirnoff-Test** (SACHS 1974: 209, 258) zeigt, daß neben dem Transportweg vor allem die Petrographie und die auf das Gestein wirkende Verwitterung entscheidend für die Gestaltung der Komponenten von 2–15 cm ist.

Da nur die älteren Terrassen untersucht wurden, sind die Abweichungen der meisten Indizes der Schotter von den Fangern nicht so signifikant, da in den Terrassen hauptsächlich die harten Quarzite der Rañas aufgearbeitet wurden, die nur sehr geringe Transportbeanspruchung zeigen.

Der Vergleich der **Abplattungsindizes** (Abb. 49, 50) (CAILLEUX 1952), bei dem alle drei Raumachsen der Sedimentstücke in eine Verhältniszahl $(A = \frac{L+l}{2E} \cdot 100)$ gebracht werden und die eine besonders umfassende Formangabe darstellt, zeigt, daß sich das Terrassensediment (75/30) mit einem Mittelwert von 294 deutlich von allen anderen Proben unterscheidet. Die Struktur des schiefrigen Ausgangsgesteins prägt hier die Gestalt der Schotter der Mittelterrasse. Der Charakter der Schotter in der Terrasse weiter flußabwärts ändert sich grundlegend, z.B. bei 75/28. Mit einem Mittelwert von 194 gleicht die Abplattung denen der Rañas auch in der Verteilungskurve. Die Schiefergerölle fehlen oder sind vollständig verwittert. In der Signifikanz-Matrix (Abb. 51) wird ersichtlich, daß die Sedimente der Rañas und der Terrassen, die in etwa das gleiche Liefergebiet haben, sich auch in der Abplattung **nicht** signifikant unterscheiden, wie auch der Vergleich der Rañasedimente bei 75/15 mit 75/14 oder bei 75/26 und 75/27 zeigt.

Auch die Schotter der älteren Terrassen weisen große Ähnlichkeit mit den Rañas in ihrem Liefergebiet auf, wie z.B. die oberen Hochterrassen östlich Talavera de la Reina (77/206) mit den Rañas westlich und östlich Espinoso del Rey (77/205 und 76/3).

Die Indexwerte für die Abplattung entsprechen den in der Literatur erwähnten Wertebereichen für quarzitische Gesteine in einem fluvialen Transport der gemäßigten und heißen Klimate (CAILLEUX & TRICART 1963; GRAULICH 1951; CAILLEUX 1952; nach STÄBLEIN 1970:80).

Das gleiche gilt, wie die Signifikanz-Matrix zeigt, für den **Abplattungswert** (LÜTTIG 1956) (Abb. 49) und den Plattheitsgrad p und P. Auch dabei tritt deutlich die Differenzierung des Ausgangsgesteins bzw. die Ähnlich-

FLUVIALE SCHOTTER	oHT	77/206	217										
	uMT	75/30	x	252									
	ÜT	76/1	x	x	369								
	oMT	75/28	0	–	x	228							
		77/205	–	–	x	0	228						
		77/203	–	0	x	0	0	238					
		76/3	0	x	x	0	0	0	218				
		75/16	x	0	x	x	x	0	x	258			
RAÑAS		75/13/1	0	0	x	0	0	0	0		234		
		75/14	x	0	x	–	–	0	x	0	0	250	
		75/26	0	x	x	0	0	0	0	x	0	x	219
		75/27	–	0	x	0	0	0	0	0	0	0	239
			0	x	x	0	0	–	0	x	–	x	0	212
T-TEST			76/2	77/206	75/30	76/1	75/28	77/205	77/203	76/3	75/16	75/13/1	75/14	75/26
			ÜT	oHT	uMT	ÜT	oMT							
			FLUVIALE SCHOTTER					RAÑAS						

FLUVIALE SCHOTTER	oHT	77/206	–										
	uMT	75/30	x	x									
	ÜT	76/1	0	0	x								
	oMT	75/28	0	0	x	0							
		77/205	0	0	x	0	0						
		77/203	0	x	x	0	0	0					
		76/3	x	0	x	x	x	–	x				
		75/16	0	0	x	0	0	0	0	x			
RAÑAS		75/13/1	x	0	x	0	0	0	x	0	0		
		75/14	0	x	x	0	0	0	0	x	0	–	
		75/26	0	0	x	0	0	0	–	–	0	0	0
		75/27	0	x	x	0	–	–	0	x	–	x	0	–
K-S-TEST			76/2	77/206	75/30	76/1	75/28	77/205	77/203	76/3	75/16	75/13/1	75/14	75/26
			ÜT	oHT	uMT	ÜT	oMT							
			FLUVIALE SCHOTTER					RAÑAS						

0: = kein signifikanter Unterschied
–: = signifikanter Unterschied mit 95% Sicherheitswahrscheinlichkeit
x: = signifikanter Unterschied mit 99% Sicherheitswahrscheinlichkeit

Abb. 49 ABPLATTUNGSWERT (π) der Grobsedimente der Terrassen und Rañas.
Matrix der signifikanten Unterschiede der Mittelwerte nach dem T-Test und der Häufigkeitsverteilung nach dem nicht parametrischen Kolmogoroff-Smirnoff-Test. In der Diagonalen der T-Test-Matrix sind die Mittelwerte angegeben.

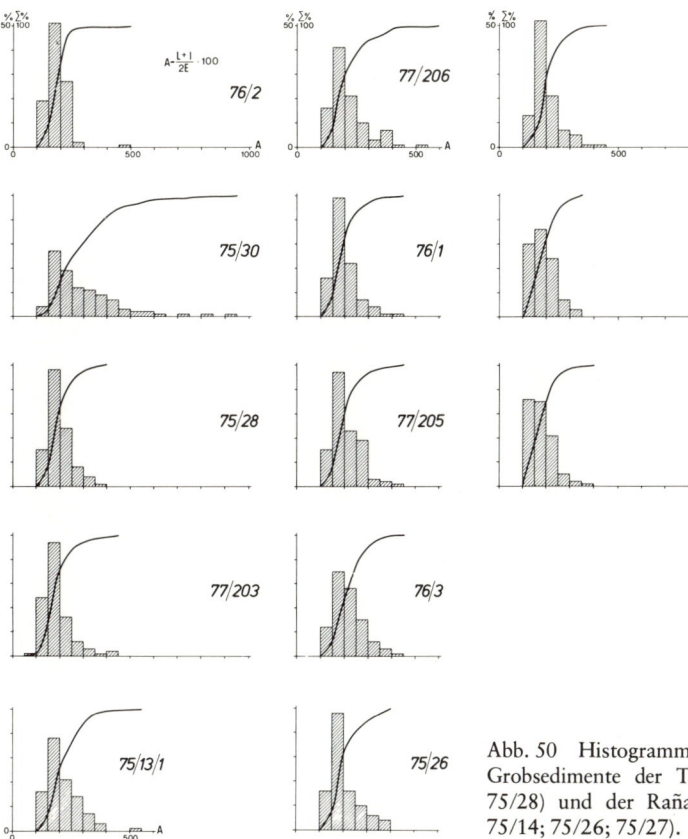

Abb. 50 Histogramme des ABPLATTUNGSINDEX (A) der Grobsedimente der Terrassen (76/2; 77/206; 75/30; 76/1; 75/28) und der Rañas (77/205; 77/203; 76/3; 75/13/2–1; 75/14; 75/26; 75/27).

keit mit den höhergelegenen Rañas hervor (Abb. 49, 50, 52, 53).

Die **Symmetriewerte** (LÜTTIG 1956) sind in fast allen analysierten Aufschlüssen sowohl in ihrem Mittelwert als auch in der Verteilung nicht signifikant unterschiedlich und geben keine Differenzierung der Sedimente an (Abb. 54).

Ausnahme ist wieder die Mittelterrasse bei Alia (75/30). Die Schotter haben mit 173 einen wesentlich höheren Mittelwert als die Quarzite der Rañas und der übrigen Terrassen. Bei ihnen variiert der Mittelwert von 142 bis 162.

Um die Vermutung zu belegen, daß die Abrollung der Terrassengerölle von den Formen der Raña-Fanger abweicht, wurden aus der Länge L, der Breite l und der Dicke E und aus dem kleinsten Krümmungskreisdurchmesser in der L × l-Ebene nach KUENEN (1956) **Zurundungsindizes** berechnet.

Der Index z nach KUENEN (1956), der das Verhältnis von 2r zur Breite l als Maß der Zurundung angibt, weicht sowohl in der Verteilung als auch in den Mittelwerten von der Größe $Z = \frac{2r}{L} \times 1000$ (CAILLEUX 1952) geringfügig ab.

Wie KUENEN (1956) zeigte, nimmt der Wert Z mit zunehmender Transportbeanspruchung ab. Denn bei querachsigem Abrollen wird die Längsachse L weniger beansprucht als die Querachse l, und so wird der Radius des kleinsten Krümmungskreises in dieser Ebene verringert. Für die Probe (75/30, Abb. 55) ist Z mit 177 wesentlich geringer als für die übrigen Terrassensedimente, da das gleiche, schiefrige Material schon durch eine geringe Transportbeanspruchung eine flachstengelige Form erhält.

Der Mittelwert Z̄ ist, wie die Korrelationsmatrix zeigt, mit 177 dem der Rañas sehr ähnlich. Die Fanger dagegen sind sehr gering, die Terrassenschotter jedoch stärker abgerollt.

Der Mittelwert der Zurundung dieser Probe 75/30 mit 349 weicht von dem der Rañas besonders in der Verteilung signifikant ab. Der Index z ist also für die Differenzierung des Transportprozesses aussagekräftiger.

Das Ergebnis des Vergleichstests (Abb. 56) weist eine deutliche Differenzierung genetisch unterschiedlicher Sedimente auf.

Die Mittelwerte der Zurundung z̄ der Terrassenschotter liegen insgesamt deutlich höher als die der Rañas (Abb. 56).

Der höchste Wert mit 432 wurde an den Schottern der Hauptterrasse ermittelt.

Die Schotter der Übergangsterrasse (77/206) heben sich deutlich in der Zurundung von den Rañas ab. Die Terrassen untereinander geben jedoch keine eindeutige Korrelation, da das unterschiedliche Ausgangsgestein der Rañas (75/28) und der weicheren Schiefer (75/30) formbestimmend sind.

So unterscheiden sich die Schotter der Mittelterrasse bei Almanza von den benachbarten Rañas bei Castil-

```
                                                                                                                    
FLUVIALE       oHT    77/206   184                                          FLUVIALE      oHT    77/206   698
SCHOTTER       uMT    75/30    x   213                                      SCHOTTER      uMT    75/30    x   631
               ÜT     76/1     x   x   295                                                ÜT     76/1     x   x   518
               oMT    75/28    0   0   x   197                                            oMT    75/28    -   0   x   469
                      77/205   0   -   x   0   194                                               77/205   0   0   x   0   670
                      77/203   -   0   x   0   0   201                                           77/203   -   0   x   0   0   651
                      76/3     0   -   x   0   0   0   189                                       76/3     0   -   x   0   0   0   691
                      75/16    x   0   x   -   x   0   x   217                                   75/16    x   0   x   0   0   0   0   623
RAÑAS                 75/13/1  -   0   x   0   0   0   0   -   199          RAÑAS                75/13/1  -   0   x   0   0   0   0   0   656
                      75/14    x   0   x   0   -   0   -   0   0   212                           75/14    -   0   x   0   0   0   0   0   0   642
                      75/26    0   x   x   0   0   0   x   0   x   188                           75/26    0   -   x   0   0   0   -   0   0   684
                      75/27    -   0   x   0   0   0   0   0   0   0   200                       75/27    0   0   x   0   0   0   -   0   0   0   673
                               0   x   x   -   0   x   0   x   -   x   0   -   180                        0   0   x   0   0   0   -   0   0   0   0   786

T-TEST                                                                      T-TEST
                      76/2 77/206 75/30 76/1 75/28 77/205 77/203 76/3 75/16 75/13/1 75/14 75/26                   76/2 77/206 75/30 76/1 75/28 77/205 77/203 76/3 75/16 75/13/1 75/14 75/26
                      ÜT   oHT    uMT   ÜT   oMT                                                                  ÜT   oHT    uMT   ÜT   oMT
                      FLUVIALE            RAÑAS                                                                   FLUVIALE            RAÑAS
                      SCHOTTER                                                                                    SCHOTTER
```

```
FLUVIALE       oHT    77/206   -                                            FLUVIALE      oHT    77/206   -
SCHOTTER       uMT    75/30    x   x                                        SCHOTTER      uMT    75/30    x   x
               ÜT     76/1     0   0   x                                                  ÜT     76/1     0   0   x
               oMT    75/28    0   0   x   0                                              oMT    75/28    0   0   x   0
                      77/205   0   0   x   0   0                                                 77/205   -   0   x   0   0
                      77/203   0   x   x   0   0   -                                             77/203   0   -   x   0   0   0
                      76/3     x   0   x   -   -   -   x                                         76/3     x   0   x   0   -   0   0
                      75/16    0   0   x   0   0   0   -   -                                     75/16    -   0   x   0   0   0   0   0
RAÑAS                 75/13/1  x   0   x   0   -   0   -   0   0            RAÑAS                75/13/1  x   0   -   -   0   -   -   -   0
                      75/14    0   0   x   0   0   0   0   0   x   0   -                         75/14    0   0   x   0   0   0   0   0   0   0   -
                      75/26    0   0   x   0   0   0   0   0   -   0   0   0                     75/26    0   0   x   0   0   0   0   0   0   -   0   -   0
                      75/27    0   x   x   x   x   x   0   x   x   x   0   -                     75/27    0   x   x   -   0   -   0   x   -   x   0   0

K-S-TEST                                                                    K-S-TEST
                      76/2 77/206 75/30 76/1 75/28 77/205 77/203 76/3 75/16 75/13/1 75/14 75/26                   76/2 77/206 75/30 76/1 75/28 77/205 77/203 76/3 75/16 75/13/1 75/14 75/26
                      ÜT   oHT    uMT   ÜT   oMT                                                                  ÜT   oHT    uMT   ÜT   oMT
                      FLUVIALE            RAÑAS                                                                   FLUVIALE            RAÑAS
                      SCHOTTER                                                                                    SCHOTTER
```

0: = kein signifikanter Unterschied
–: = signifikanter Unterschied mit 95% Sicherheitswahrscheinlichkeit
x: = signifikanter Unterschied mit 99% Sicherheitswahrscheinlichkeit

Abb. 51 ABPLATTUNGSINDEX (A) der Grobsedimente der Terrassen und Rañas.
Matrix der signifikanten Unterschiede der Mittelwerte nach dem T-Test und der Häufigkeitsverteilung nach dem nicht parametrischen Kolmogoroff-Smirnoff-Test. In der Diagonalen der T-Test-Matrix sind die Mittelwerte angegeben.

0: = kein signifikanter Unterschied
–: = signifikanter Unterschied mit 95% Sicherheitswahrscheinlichkeit
x: = signifikanter Unterschied mit 99% Sicherheitswahrscheinlichkeit

Abb. 52 PLATTHEITSGRAD (p) der Grobsedimente der Terrassen und Rañas.
Matrix der signifikanten Unterschiede der Mittelwerte nach dem T-Test und der Häufigkeitsverteilung nach dem nicht parametrischen Kolmogoroff-Smirnoff-Test. In der Diagonalen der T-Test-Matrix sind die Mittelwerte angegeben.

blanco (75/26) nicht, die Abweichung von der Verteilung der Zurundung der Terrassenschotter ist erheblich. Bei den Rañas fällt vor allem die Probe (75/26) heraus. In ihrem Formencharakter der Mittelwerte und der Verteilung entspricht sie eher den Terrassensedimenten. Da sich dieser Aufschluß auf einem Ausleger der Rañas bei Castilblanco befindet, der von den Rañas de las dos Hermanas abgegrenzt ist, und in der Höhe etwas tiefer liegt als die Rañas selbst, kann hier eine fluviale Überprägung – aus östlicher Richtung, wie das Situgramm zeigt – zur Bildungszeit der Übergangsterrasse nicht ausgeschlossen werden. Eindeutig be-

weisen läßt es sich jedoch allein mit der Morphometrie nicht.
Die **Verteilungskurven** der Rundungen der Terrassenschotter (Abb. 57) unterscheiden sich in ihrer Charakteristik von denen der Rañas, da die Verteilung meistens höher und nur einfach modal ist.
Die Terrassenschotter sind fast alle **bimodal,** und die Maxima sind schwächer ausgebildet.
Entsprechend den Gestalt-Typen für eine Histogramm-Klassifikation nach KRYGOWSKI (1968:89) könnte man die Verteilung der Zurundung der Rañas unter den Typen IIa und IIc zusammenfassen. Es sind kurze,

		T-TEST	76/2 ÜT	77/206 oHT	75/30 uMT	76/1 ÜT	75/28 oMT	77/205	77/203	76/3	75/16	75/13/1	75/14	75/26	
FLUVIALE SCHOTTER	oHT	77/206	493												
	uMT	75/30	–	444											
	ÜT	76/1	x	x	328										
	oMT	75/28	0	0	x	473									
		77/205	0	0	x	0	467								
		77/203	–	0	x	0	0	455							
		76/3	0	x	x	0	0	–	499						
		75/16	x	0	x	x	–	0	x	424					
RAÑAS		75/13/1	0	0	x	0	0	0	–	–	462				
		75/14	x	0	x	0	0	0	x	0	0	439			
		75/26	0	–	x	0	0	0	x	0	x	0	489		
		75/27	0	0	x	0	0	0	–	0	0	0	0	461	
			0	x	–	0	–	x	0	x	x	x	0	–	511
			FLUVIALE SCHOTTER					RAÑAS							

		K-S-TEST	76/2 ÜT	77/206 oHT	75/30 uMT	76/1 ÜT	75/28 oMT	77/205	77/203	76/3	75/16	75/13/1	75/14	75/26
FLUVIALE SCHOTTER	oHT	77/206	–											
	uMT	75/30	x	x										
	ÜT	76/1	0	0	x									
	oMT	75/28	–	–	x	0								
		77/205	0	0	x	0	0							
		77/203	0	x	x	0	0	0						
		76/3	x	0	x	x	x	–	x					
		75/16	0	0	x	0	0	0	0	x				
RAÑAS		75/13/1	x	0	x	0	0	0	x	0	0			
		75/14	0	x	x	0	0	0	x	0	x	0		
		75/26	0	0	x	0	0	0	–	–	0	0	0	
		75/27	0	x	x	0	–	–	0	x	–	x	0	–
			FLUVIALE SCHOTTER					RAÑAS						

0: = kein signifikanter Unterschied
–: = signifikanter Unterschied mit 95% Sicherheitswahrscheinlichkeit
x: = signifikanter Unterschied mit 99% Sicherheitswahrscheinlichkeit

Abb. 53 PLATTHEITSGRAD (P) der Grobsedimente der Terrassen und Rañas.
Matrix der signifikanten Unterschiede der Mittelwerte nach dem T-Test und der Häufigkeitsverteilung nach dem nicht parametrischen Kolmogoroff-Smirnoff-Test. In der Diagonalen der T-Test-Matrix sind die Mittelwerte angegeben.

		T-TEST	76/2 ÜT	77/206 oHT	75/30 uMT	76/1 ÜT	75/28 oMT	77/205	77/203	76/3	75/16	75/13/1	75/14	75/26	
FLUVIALE SCHOTTER	oHT	77/206	146												
	uMT	75/30	0	147											
	ÜT	76/1	x	x	173										
	oMT	75/28	0	0	x	140									
		77/205	0	0	x	0	147								
		77/203	0	0	x	0	0	147							
		76/3	0	0	x	0	0	0	140						
		75/16	0	0	x	x	0	0	–	151					
RAÑAS		75/13/1	0	0	x	0	0	0	0	0	147				
		75/14	0	0	x	0	0	0	0	0	0	148			
		75/26	0	0	x	0	0	0	0	0	0	0	143		
		75/27	0	0	x	–	0	0	–	0	0	0	0	151	
			0	0	0	0	0	0	0	0	0	0	0	0	162
			FLUVIALE SCHOTTER					RAÑAS							

		K-S-TEST	76/2 ÜT	77/206 oHT	75/30 uMT	76/1 ÜT	75/28 oMT	77/205	77/203	76/3	75/16	75/13/1	75/14	75/26
FLUVIALE SCHOTTER	oHT	77/206	0											
	uMT	75/30	x	x										
	ÜT	76/1	0	0	x									
	oMT	75/28	0	0	x	0								
		77/205	0	0	x	0	0							
		77/203	0	0	x	0	0	0						
		76/3	0	0	x	–	0	0	–					
		75/16	0	0	x	0	0	0	0	0				
RAÑAS		75/13/1	0	0	x	–	0	0	0	0	0			
		75/14	0	0	x	0	0	0	0	0	0	0		
		75/26	0	0	x	0	0	0	–	0	0	0	0	
		75/27	0	0	x	0	0	0	0	0	0	0	0	0
			FLUVIALE SCHOTTER					RAÑAS						

0: = kein signifikanter Unterschied
–: = signifikanter Unterschied mit 95% Sicherheitswahrscheinlichkeit
x: = signifikanter Unterschied mit 99% Sicherheitswahrscheinlichkeit

Abb. 54 SYMMETRIEWERT (σ) der Grobsedimente der Terrassen und Rañas.
Matrix der signifikanten Unterschiede der Mittelwerte nach dem T-Test und der Häufigkeitsverteilung nach dem nicht parametrischen Kolmogoroff-Smirnoff-Test. In der.Diagonalen der T-Test-Matrix sind die Mittelwerte angegeben.

d.h. mit geringer Besetzung der Modalgruppe, **symmetrische** bzw. **rechts flache** Verteilungen. Die Verteilungen der Zurundungsindizes der Terrassenschotter dagegen sind flache **bi- und polymodale** Verteilungen der Typen IIIb und IIIc.

Insgesamt hat sich bei der Formanalyse gezeigt, daß die aussagekräftigsten Indizes die Zurundungen sind, um die Sedimente unterschiedlicher Morphogenese und Überformung zu differenzieren. Eine **umkehrbar eindeutige Zuordnung** von Form und Genese ist jedoch nicht möglich, wie der Vergleich der Signifikanz-Matrizen erkennen läßt. Die Terrassenschotter, die, wie bereits die Situmetrie gezeigt hat, in mehr oder weniger gleichmäßig fließendem Wasser transportiert wurden, heben sich durch höhere Zurundungswerte von den Fangern ab.

Treten Ähnlichkeiten bei Sedimenten unterschiedlicher Genese auf, sind sie auf die unterschiedliche morphologische Härte des Ausgangsgesteins zurückzuführen.

Vergleicht man die Werte der Zurundung der Fanger und Terrassenschotter mit solchen aus Mitteleuropa (STÄBLEIN 1968:97, 1970), sind die Werte für die untersuchten, überwiegend quarzitischen Gesteine niedriger als etwa bei den petrographisch „bunten“

Abb. 55 (left) — T-TEST matrix:

			76/2	77/206	75/30	76/1	75/28	77/205	77/203	76/3	75/16	75/13/1	75/14	75/26	75/27
FLUVIALE SCHOTTER	oHT	77/206	275												
	uMT	75/30	0	299											
	ÜT	76/1	x	x	177										
	oMT	75/28	0	0	x	294									
RAÑAS		77/205	x	x	0	x	185								
		77/203	–	–	0	0	x	210							
		76/3	–	0	0	x	0	224							
		75/16	x	x	0	x	0	x	x	165					
		75/13/1	x	x	0	x	0	x	x	0	171				
		75/14	x	x	0	x	0	x	x	0	0	178			
		75/26	x	x	0		0	x	x	–	0	0	182		
		75/27	x	x	0	x	0	x	0	–	0	0	0	196	
			x	x	0	x	0	x	0	x	–	0	0	0	202

K-S-TEST (Abb. 55):

			76/2	77/206	75/30	76/1	75/28	77/205	77/203	76/3	75/16	75/13/1	75/14	75/26
FLUVIALE SCHOTTER	oHT	77/206	0											
	uMT	75/30	x	x										
	ÜT	76/1	–	0	x									
	oMT	75/28	x	x	0	x								
RAÑAS		77/205	–	–	–	x	x							
		77/203	–	0	–	0	x	0						
		76/3	x	x	0	x	0	x	x					
		75/16	x	x	0	x	0	x	x	0				
		75/13/1	x	x	0	x	0	x	x	0	0			
		75/14	x	x	0		0	x	x	–	–	0		
		75/26	x	x	0	x	0	x	0	x	0	0	0	
		75/27	x	x	0	x	0	0	0	–	–	–	0	0

0: = kein signifikanter Unterschied
–: = signifikanter Unterschied mit 95% Sicherheitswahrscheinlichkeit
x: = signifikanter Unterschied mit 99% Sicherheitswahrscheinlichkeit

Abb. 55 ZURUNDUNGSINDEX (Z) der Grobsedimente der Terrassen und Rañas.
Matrix der signifikanten Unterschiede der Mittelwerte nach dem T-Test und der Häufigkeitsverteilung nach dem nicht parametrischen Kolmogoroff-Smirnoff-Test. In der Diagonalen der T-Test-Matrix sind die Mittelwerte angegeben.

Abb. 56 (right) — T-TEST matrix:

			76/2	77/206	75/30	76/1	75/28	77/205	77/203	76/3	75/16	75/13/1	75/14	75/26
FLUVIALE SCHOTTER	oHT	77/206	382											
	uMT	75/30	0	431										
	ÜT	76/1	0	x	345									
	oMT	75/28	0	0	0	403								
RAÑAS		77/205	x	x	x	x	264							
		77/203	x	x	x	x	0	279						
		76/3	x	x	x	0	x	0	278					
		75/16	x	x	x	x	0	0	0	243				
		75/13/1	x	x	x	x	0	0	0	0	241			
		75/14	x	x	x	x	0	0	0	0	0	256		
		75/26	x	x	x	x	0	0	0	0	0	0	261	
		75/27	x	x	x	x	0	0	–	–	–	0	0	284
			0	0	0	0	0	0	0	0	0	0	0	0	328

K-S-TEST (Abb. 56):

			76/2	77/206	75/30	76/1	75/28	77/205	77/203	76/3	75/16	75/13/1	75/14	75/26
FLUVIALE SCHOTTER	oHT	77/206	0											
	uMT	75/30	0	x										
	ÜT	76/1	0	0	0									
	oMT	75/28	x	x	x	x								
RAÑAS		77/205	x	x	x	x	–							
		77/203	x	x	0	0	–	0						
		76/3	x	x	x	x	0	0	–					
		75/16	x	x	x	x	x	0	0	0				
		75/13/1	x	x	–	x	0	–	0	0	0			
		75/14	x	x	x	x	0	0	0	0	0	0		
		75/26	x	x	x	x	0	0	–	–	x	x	0	0
		75/27	–	x	0	x	–	–	–	x	x	x	0	0	0

0: = kein signifikanter Unterschied
–: = signifikanter Unterschied mit 95% Sicherheitswahrscheinlichkeit
x: = signifikanter Unterschied mit 99% Sicherheitswahrscheinlichkeit

Abb. 56 ZURUNDUNGSINDEX (z) der Grobsedimente der Terrassen und Rañas.
Matrix der signifikanten Unterschiede der Mittelwerte nach dem T-Test und der Häufigkeitsverteilung nach dem nicht parametrischen Kolmogoroff-Smirnoff-Test. In der Diagonalen der T-Test-Matrix sind die Mittelwerte angegeben.

Geröllen aus dem Buntsandstein und den Konglomerat-Kieseln der Terrassen und Glacis der Vorderpfalz.
Die Verteilung der Formindizes der Raña-Fanger ist den Untersuchungsergebnissen von TRICART an nordafrikanischen Glacissedimenten (TRICART 1965:154; TRICART & JOLY & RAYNAL 1955) vergleichbar.
Die Mittelwerte stimmen gut mit den Ergebnissen der Morphometrie der von LESER (1967:88, 92, 427) untersuchten Schotter der Hoch-Terrassen im Pfrimmgebiet überein. Die Streuung ist jedoch, wie die Verteilung zeigt, bei den Rañas und Terrassen in Spanien wesentlich größer. Die Abweichung ist darauf zurückzuführen, daß die Gerölle im Untersuchungsgebiet neben der Transportbeanspruchung auch durch die chemische Verwitterung eine Zurundung erfahren haben.
Die dichten Quarzite der Rañas zeigen in ihrer Zurundung geringfügig höhere Werte als die tertiären „Kantkiese", die BIBUS (1971a:100 u. 1971b:63) am Südrand des Taunus analysierte. Dies ist aufgrund der größeren Gesteinshärte der Quarze des Taunus gegenüber den untersuchten Quarziten zu erwarten.

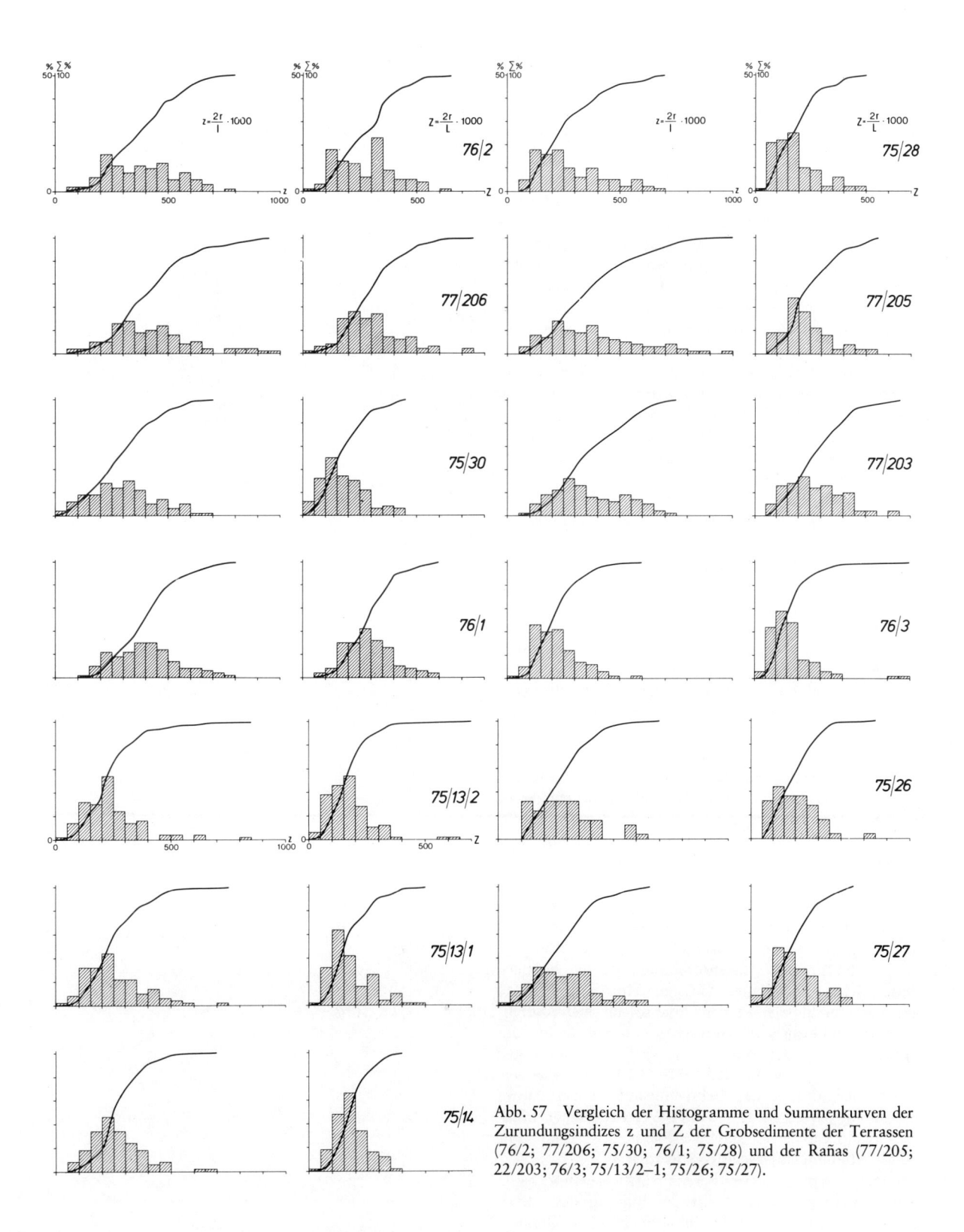

Abb. 57 Vergleich der Histogramme und Summenkurven der Zurundungsindizes z und Z der Grobsedimente der Terrassen (76/2; 77/206; 75/30; 76/1; 75/28) und der Rañas (77/205; 22/203; 76/3; 75/13/2–1; 75/26; 75/27).

3.4 Vergleich der Tonmineralgesellschaften in den Rañas und in den Terrassen

Um den Sedimentkomplex der Rañas von den übrigen Ablagerungen und Verwitterungsprodukten zu unterscheiden, wurden Tonmineralanalysen durchgeführt. Aus den Tonmineralgesellschaften lassen sich, wie Untersuchungen aus Mitteleuropa (ENGELHARD 1961, BIRKENHAUER 1970, HÜSER 1972) und Nordafrika (SCHOEN 1969 u.a.) zeigen, in begrenztem Umfang Hinweise auf die klimatischen und sedimentologischen Bedingungen zur Entstehungszeit der Tonmineralien auf Verwitterungs- und Umlagerungsprozesse und auf morphodynamische Prozesse konstruieren.

So konnte HÜSER (1973:76) die pleistozänen Materialien im Rheinischen Schiefergebirge recht gut von den tertiären trennen, da die pleistozänen Ablagerungen eine Illit-Zunahme aufwiesen. Außerdem trat in ihnen Montmorillonit auf, der den tertiären Proben in diesem Bereich fehlt. HEINE (1970/26) fand in den Würmlössen der Oberlahn eine Illit-Dominanz, während ältere Sedimente des Miozäns einen höheren Kaolinitgehalt aufwiesen.

LESER (1977:307) geht in seinem Handbuch sogar soweit, die Tonminerale Kaolinit, Montmorillonit und Illit mit gewissen Einschränkungen klimatischen Verwitterungsbedingungen zuzuordnen.

Die Rañamatrix zeigt in allen Proben eine deutliche **Kaolinit-Dominanz**. Bei der Probe (77/1b, Abb.58) nördlich Castilblanco kommt im Ausdruck des Röntgendiffraktometers nur Kaolinit vor. Die übrigen Tonminerale sind, falls vorhanden, aus der Untergrundstörung nicht zu identifizieren.

Auch in den Hangschuttdecken der Quarzitkämme tritt der Kaolinit gegenüber dem Illit sehr deutlich hervor (77/8, 77/5b, 77/5a, Abb.41). In den Proben (77/8) und (77/5b) ist nach der Glycerinbehandlung eine deutliche Verlagerung der 14 Å-Interferenz festzustellen, ein Hinweis auf Montmorillonit. In der Hangschuttdecke bei Espinoso del Rey (77/8, Abb.41) sind die Tonminerale schlecht auskristallisiert. Da die Probe jedoch oberflächennah entnommen wurde, kann eine jüngere Bildung des Montmorillonits unter den heutigen klimatischen Bedingungen in den Montes de Toledo nicht ausgeschlossen werden. Eine solche **postsedimentäre Neubildung** von Montmorillonit wurde in Südfrankreich bei Clermont-Ferrand in Hangschuttdecken von SEVINK & VERSTRATEN (1978) nachgewiesen. Deutlicher und besser auskristallisiert ist der Montmorillonit jedoch in den fossilen Verwitterungen nördlich Valdecaballeros nachweisbar. Hier kann eine jüngere Bildung ausgeschlossen werden.

Da die Verwitterung, wie bereits früher erwähnt, bis in das Tertiär zurückreicht, ist die Bildung des Montmorillonits unter semiariden bis subtropischen Klimaten (LESER 1977:302) durchaus möglich.

Daß der Montmorillonit in einem Verwitterungshorizont auftritt, der als Ausgangsmaterial der Rañas angesehen werden kann, in den Ablagerungen der Rañas selbst aber fehlt, erscheint auf den ersten Blick widersprüchlich. Eine diagenetische Umbildung des Montmorillonit zu Illit und Kaolinit oder eine totale Zerstörung ist nach Untersuchungen von ENGELHARD (1961:475) jedoch als möglich nachgewiesen. Der Montmorillonit kommt auch in den oberen Formationen des Miozän vereinzelt vor (75/14, Abb.59).

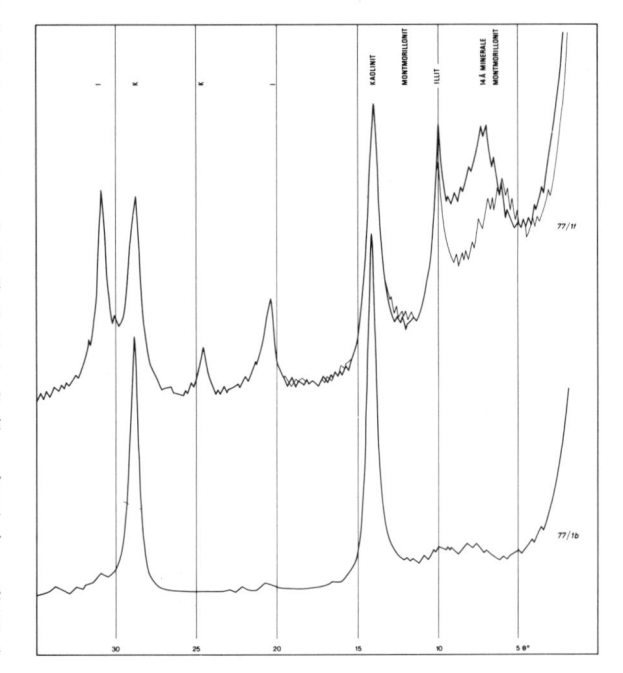

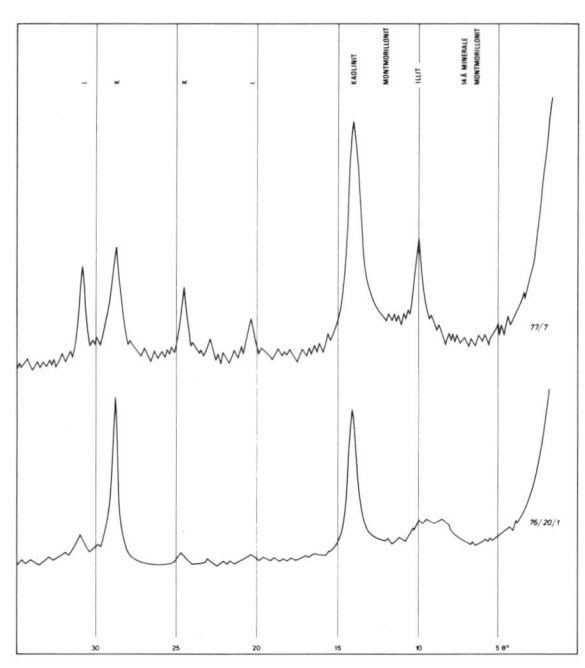

Abb. 58 Röntgendiagramme (Co-Röhre)

77/1b	Rañamatrix N Castilblanco	Lokalität 52
77/1f	miozäner Untergrund	Lokalität 52
76/20/1	Rañamatrix W Espinoso	Lokalität 28
77/7	Lehmlinse aus Rañas bei Belvis de la Jara	Lokalität 19

In diesen Ablagerungen unter den Rañas treten Kaolinit und Illit etwa zu gleichen Teilen auf.

In den Miozän-Ablagerungen unter den Rañas südlich der Sierra de Guadalupe (76/5/1, 75/22d, 75/15, Abb. 60) zeigt das Diagramm noch **Vermiculit.** Unter diesem Begriff werden die Minerale zusammengefaßt, die einen Gitterabstand von 14 Å haben, nicht quellfähig sind und bei Erwärmung aber auf ca. 10 Å schrumpfen. Ihre Bildung ist unter tropischen Verwitterungsbedingungen aus Biotit möglich (RAMDOHR & STRUNZ 1967).

Zeigt sich bei 14Å-Mineralien bei einer Glycerinbehandlung und bei Erhitzung keine Veränderung, dann handelt es sich um Chlorit, wie in der Probe (75/22 b).

Der Vermiculit findet sich auch in der Matrix vieler Schotterakkumulationen der pleistozänen Terrassen wieder, die ja zu einem großen Teil aus verlagerten miozänen Lehmen und Sanden bestehen (76/17/1,

den jüngeren Terrassen, die **Illite** (76/10, 76/16/1, 76/11, Abb. 61, 62).

Montmorillonit ist nur in den Terrassen des Rio Tajo, nicht aber in den vergleichbaren Niveaus der Nebenflüsse zu finden (76/5/2, 77/10a, 77/15b, 77/13, Abb. 62, 63). Den hohen Montmorillonit-Anteil in den

Abb. 59 Röntgendiagramme

75/13/1a	Rañamatrix nördlich Valdecaballeros	Lokalität 56
75/13/1b	Rañamatrix (vgl. Abb. 40)	Lokalität 56
75/14	Miozäner Untergrund	Lokalität 61

Bei dieser Analyse wurde eine Cu-Röhre benutzt, bei den übrigen Röntgen-Untersuchungen eine Co-Röhre.

76/16/2, 75/28, Abb. 61). Nur ist bei den Terrassensedimenten das Verhältnis von Kaolinit und Illit ausgeglichener. Während bei den Rañas und den älteren Verwitterungen teilweise reine Kaolinite die Tone bestimmen, überwiegen in den Schottern, besonders in

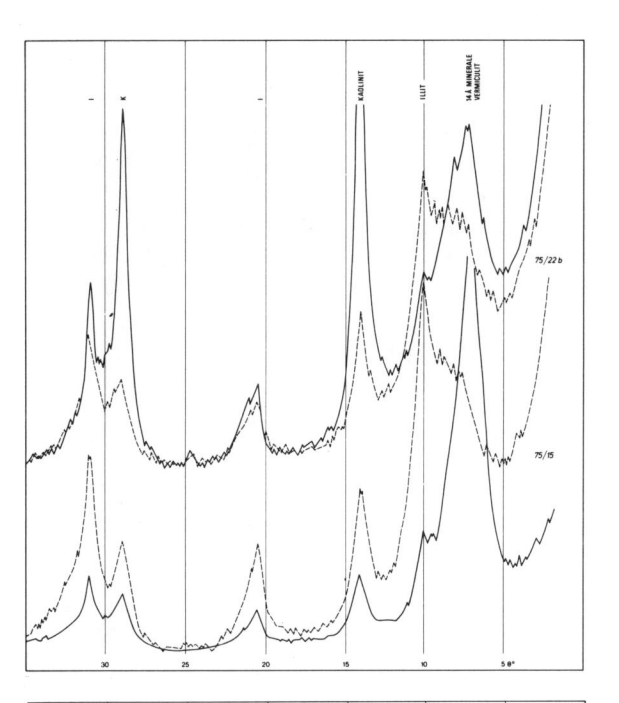

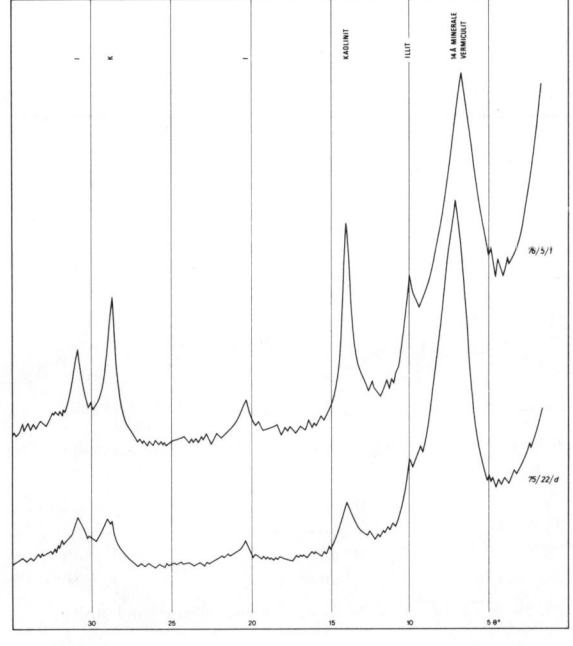

Abb. 60 Röntgendiagramme von miozänen Sedimenten (Co-Röhre)

nördl. San Bartolomé de las Abiertas	Lokalität 62
südl. Guadalupe	Lokalität 62
südl. Guadalupe	Lokalität 62
südl. Guadalupe	

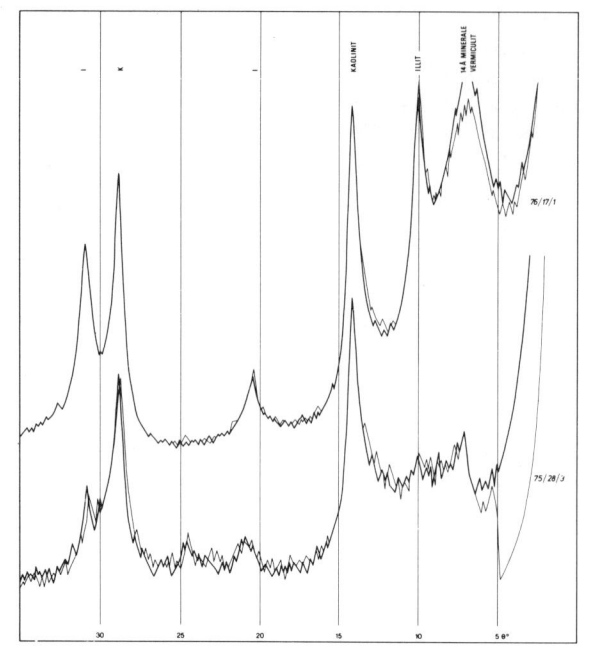

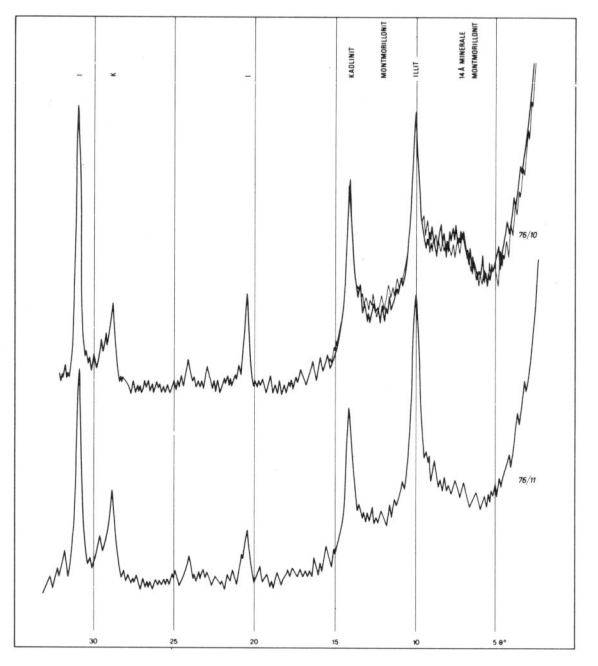

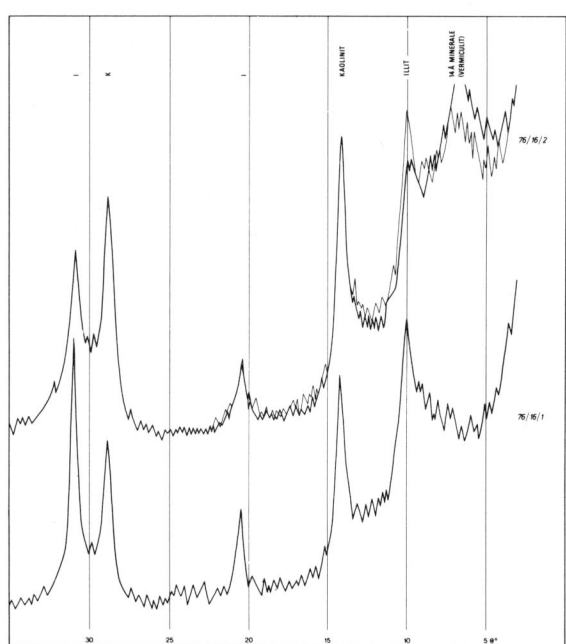

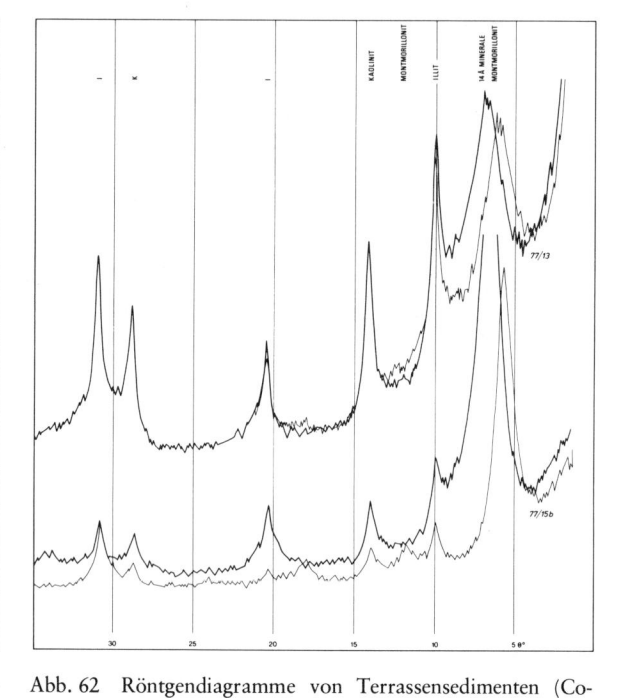

Abb. 61 Röntgendiagramme von Terrassensedimenten (Co-Röhre)

75/28/3	oMT Rio Guadalupejo	Lokalität 50
76/17/1	uMT Rio Sangrera	Lokalität 11
76/16/1	oMT Rio Sangrera	Lokalität 10
76/16/2	oMT Rio Sangrera	Lokalität 10

75/28/3; 76/17/1; 76/16/2 wurden mit Glycerin behandelt.

Abb. 62 Röntgendiagramme von Terrassensedimenten (Co-Röhre)

77/15b	uHT-Tajo	Lokalität 5
77/13	uHT-Tajo	Lokalität 8
76/10	oMT-Pusa	Lokalität 16
76/11	uHT-Pusa	Lokalität 15

77/13; 76/10 und 77/15b wurden mit Glycerin behandelt

Tajo-Sedimenten hat auch schon FISCHER (1971:14) im benachbarten Untersuchungsgebiet festgestellt. Es scheint jedoch nicht so sehr eine Auswirkung des Klimas auf die Mineralbildung zu sein, als vielmehr eine Besonderheit der Ausgangsgesteine im Liefergebiet des Tajo, der sehr viel tertiäres Verwitterungsmaterial aufgenommen hat.

Das Einzugsgebiet der Nebenflüsse jedoch hat sich, wie gezeigt, seit dem Alt-Pleistozän nicht wesentlich verändert. Daher läßt sich in unserem Arbeitsgebiet

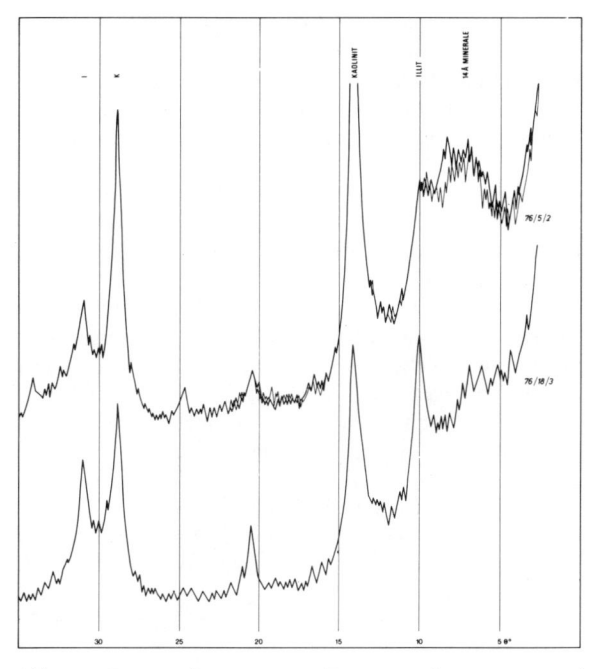

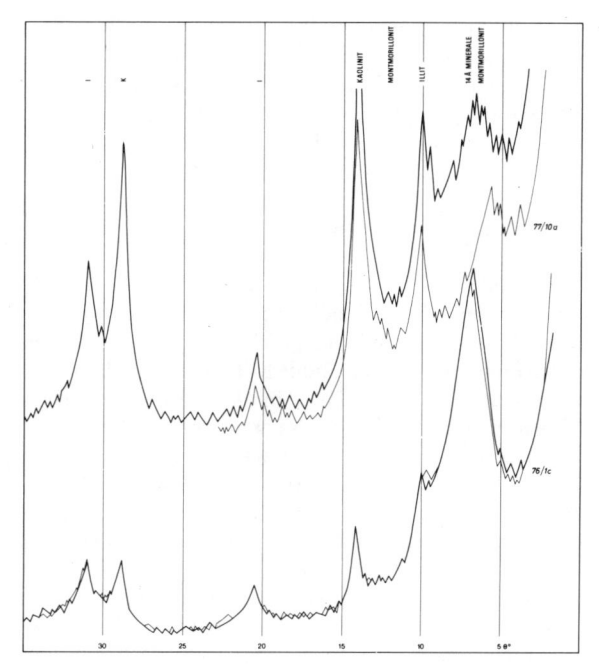

Abb. 63   Röntgendiagramme von Terrassensedimenten (Co-Röhre)

| 76/18/3 | ÜT-Tajo | Lokalität 9 |
| 76/5/2 | ÜT-Tajo | Lokalität 13 |

| 77/10a | oHT-Tajo | Lokalität 2 |
| 76/1c | ÜT-Tajo | Lokalität 23 |

77/10a; 76/1c und 76/5/2 wurden mit Glycerin behandelt

die Veränderungen der Tonmineralgesellschaft **nicht** auf endogene, lithologische Unterschiede der Rahmenbedingungen für die verschiedenen Akkumulationen zurückführen, sondern der unterschiedliche Tonmineralgehalt der Rañas und Terrassen muß durch Unterschiede in den **exogenen klimatischen** Bedingungen entstanden sein.

Nach LESER (1977:307) bildet sich Kaolinit vornehmlich unter feucht-warmen tropischen Klimaten, während Illit auf kühl-gemäßigtes feuchtes Klima hindeutet. Dies widerspricht also nicht der Vorstellung, daß die Rañas Abtragungsprodukt einer tertiärzeitlichen, feucht-warmen Verwitterung sind, während die Terrassen im Wechsel von Kalt- und Warmzeiten des Quartärs gebildet wurden. Eine solche Illit-Zunahme von im Tertiär entstandenen Materialien zu pleistozänen Sedimenten fand auch HÜSER im westlichen Hintertaunus.

Ebenso stellte HEINE (1970:85) im Raum Marburg fest, daß die miozänen Ablagerungen eine deutliche Kaolinitdominanz gegenüber einer Illitdominanz würmzeitlicher Lösse aufweisen.

Eine direkte Gleichsetzung von klimamorphologischen Phasen Mitteleuropas kann jedoch aus dieser identischen Beobachtung nicht unmittelbar hergeleitet werden. Vor allem, da das Ausgangsgestein für die Zusammensetzung der Tonmineralgesellschaften von erheblicher Bedeutung ist, wie der Montmorillonitgehalt in den Tajo-Terrassen zeigt. Im Abflußsystem des Rio Pusa und des Rio Sangrera, die seit der Raña-Ablagerung ihre Einzugsgebiete nicht mehr verändert haben, scheint diese Verschiebung des Kaolinit-Illit-Verhältnisses ähnlich wie in Mitteleuropa auf eine Klimaänderung von feucht-warmen tropischen Bedingungen des Tertiärs zu gemäßigten Klimaten während der pleistozänen Kaltphasen zurückzuführen zu sein.

4. GEOMORPHOGENESE DER RELIEFGENERATIONEN

4.1 Die Prärañalandschaft und ihre Stellung zu den älteren Reliefgenerationen

Neben der Frage nach der Genese der weiten Rañaflächen und der Terrassensysteme am Fuß der Montes de Toledo stellt sich auch die Frage nach den Auswirkungen älterer morphodynamischer Prozesse in diesem Raum.

SCHWENZNER (1936) konnte im Zentralspanischen Hochland mehrere vorzeitliche morphodynamische Prozeßphasen nachweisen, die sich in Form von vier Niveaus im Landschaftsbild dokumentieren lassen und deren Bildungen bis ins mittlere Tertiär zurückreichen. Diese Ergebnisse wurden auch von SOLE SABARIS (1952) und GLADFELDER (1971) wieder aufgegriffen und in ihren wesentlichen Aussagen bestätigt.

Ein direkter Vergleich der eigenen Untersuchungen mit den Ergebnissen der genannten Autoren erscheint jedoch schwierig, da zwischen den beiden Arbeitsgebieten die großen Senken des Tietar und des Tajo liegen.

Wie aber bereits die Untersuchungen von OEHME (1942) zeigen, finden sich auch hier Spuren vorzeitlicher Morphodynamik. Vergleicht man die Gipfelhöhen der Montes de Toledo südlich Talavera de la Reina untereinander, beträgt die mittlere Höhe zwischen 1200 m und 1300 m ü. NN. Sie wird von einzelnen Gipfeln überragt. Nach Westen steigt die Gipfelflur bis auf 1500–1600 m ü. NN an. Aus diesen Höhen läßt sich eine Fläche rekonstruieren, die zeitlich und genetisch mit der von SCHWENZNER (1936) im östlichen Kastilischen Scheidegebirge ermittelten ‚Dachfläche', die von GLADFELTER (1972) als „A"-Fläche bestätigt wurde, vergleichbar ist. Diese **Initialfläche** (IF) (Abb. 64) reicht mit ihrer Genese bis in das mittlere Tertiär zurück und wird von SOLE SABARIS (1952) in anderen Teilen Spaniens und von den schon genannten Autoren als Rumpffläche gedeutet, die sich an der Wende Oligozän-Miozän gebildet haben soll. Die Datierung dieser Ausgangsfläche muß im Untersuchungsgebiet hypothetisch bleiben, da im Bereich der Sierrenkämme entsprechende Verwitterungsdecken erklärlicherweise nicht gefunden wurden. In ihrer relativen Lage zu den übrigen Reliefgenerationen muß sie jedoch mindestens in das Oligozän zurückreichen. Die damalige Oberfläche muß auch nicht mit der heutigen Gipfelflur identisch gewesen sein, da in späteren Klimaphasen ein Verschneiden zu einer Tieferlegung geführt haben kann.

Mit Beginn des Miozän setzt dann die **savische** Gebirgsbildungsphase ein, in der es zur Aufwölbung der Iberischen Masse zwischen dem Tajo und dem Guadianabecken kommt.

Mit dieser Heraushebung über die Denudationsbasis beginnt auch der Abtrag der oligozänen Verwitterungsdecke. Das Material wird, entsprechend den heutigen Abflußverhältnissen, in den Senkungsräumen des Tajo-Grabens und dem Guadianabecken abgelagert und bildet die heute noch vorhandenen miozänen Sedimente. In den Randbereichen der Hebung, wo die Abtragung von der Akkumulation abgelöst wird, in den Durchgangssedimentationsstrecken, bleiben dabei Teile der Verwitterungsdecken erhalten.

Das Zentrum dieser Hebung lag im Bereich der Sierra de las Villuercas und der Sierra de Altamira. Nach Norden und Süden nahmen die Hebungsbeträge ab, bzw. die Heraushebung erfolgte an tektonischen Verwerfungen, die bereits in früheren Gebirgsbildungsphasen vorgezeichnet wurden.

So ist auch zu erklären, daß alte Verwitterungsreste an den flachen Quarzithärtlingszügen nord-westlich Valdecaballeros, die nur etwa 570–580 m ü. NN erreichen, erhalten blieben. Sie wurden von den Abtragungsprodukten aus dem Gebirge plombiert. Diese flächenhafte Akkumulation im Gebirgsvorland dauerte bis zum Ende des Tertiär an.

In anderen Teilen Spaniens werden vergleichbare Verebnungen als postpontische oder finipontische Rumpfflächen bezeichnet, da sie mit der Oberfläche der obersten Schicht der pontischen Kalke zusammenfallen, sie aber nirgends kappen (LAUTENSACH 1969:118).

Die Untersuchungen der miozänen Ablagerungen im Gebiet um Talavera de la Reina (ESCORZA & ENRILE 1972) zeigen Wechsellagerungen von feinen und groben Sanden, die auf Variationen in den Transportbedingungen schließen lassen. Hinzu kommen Änderungen der Liefergebiete, die teilweise aufbereitete Granite und Granodiorite und teilweise mehr Feinmaterial aus den aufgewölbten Gebirgen lieferten. Erosionsdiskordanzen im Sediment deuten auf Wechsel von Ablagerungs- und Akkumulationsphasen hin.

Nach der Bildungszeit der Ablagerungen setzten sich jedoch die tektonischen Bewegungen fort, worauf auch Verstellungen in den einzelnen miozänen Beckenfüllungen hinweisen (ESCORZA & ENRILE 1972: 186).

Die sedimentierten Mineralbestandteile, wie z.B. Feldspäte, sind noch sehr gut erhalten und zeigen kaum Transportbeanspruchung, was auf einen nur kurzen Transportweg schließen läßt, der wiederum auf eine große Reliefenergie zwischen den Senkungszonen des Tajo und des Guadiana und der Aufwölbung der Sierren hindeutet.

Ob die Auffüllung der Beckenräume und der damit einhergehende **Reliefausgleich** durch Einrumpfung auch hier bis in das Pont reichte, kann nicht mit Sicherheit gesagt werden, da von den obersten, jüngsten miozänen Schichten, m_4 nach ESCORZA & ENRILE (1972:174) keine paläontologischen Datierungen vorliegen. Sie liegt mit einer Erosionsdiskordanz auf der m_3-Formation (nicht mit der Flächenbezeichnung von SCHWENZNER zu verwechseln), die durch Knochenfunde und Zähne von Hirschen und Nashörnern in das Vindobon (Jung-Miozän) datiert wurde (ESCORZA & ENRILE 1972:185).

In den Tonmineralanalysen der miozänen Sedimente treten Kaolinit und Illit etwa zu gleichen Teilen auf (Abb. 60). Zusätzlich konnte Vermiculit nachgewiesen werden, der sich vornehmlich in tropischen Klimaten aus der Umwandlung von Biotit bildet. Ein Illit-Kaolinit-Verhältnis von 1:1 mit einer leichten Kaolinit-Dominanz stellte auch BIRKENHAUER (1970:273) für mitteloligozäne Sedimente des terrestrischen Tertiärs im Rheinischen Schiefergebirge fest.

Der Montmorillonit weist nach LESER (1977:307) auf **semiaride** bis **subtropische** Klimabedingungen hin. Diese Ergebnisse bestätigen die Analysen von MABESOONE (1961) aus dem Duerobecken, der aus den Tonmineralien und Eisenverbindungen auf ein tropisches Savannenklima für das Ende des Tertiärs schließt.

VAUDOUR (1974:58) führte an pontischen Kalken in Neukastilien Mineralanalysen durch und stellte einen sehr hohen Anteil verwitterungsresistenter Quarze und

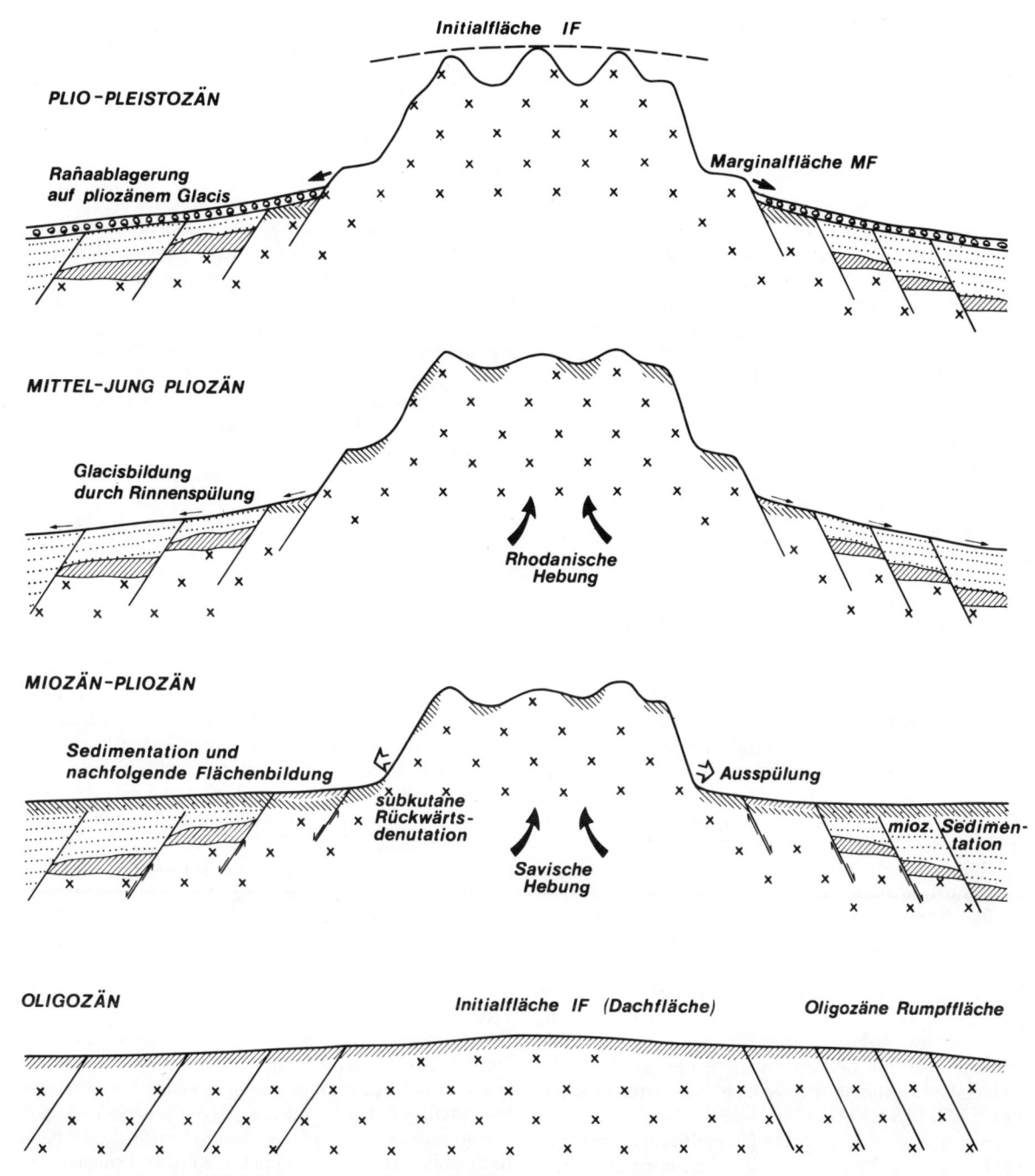

Abb. 64 Morphologische Profil-Serie der Reliefentwicklung der Montes de Toledo

Schwerminerale wie Zirkon und Turmalin fest und kam dabei zu dem Schluß, daß während des Pont ein warmes und humides Klima herrschte.

Gestützt auf die Aussagen der beiden letztgenannten Autoren, leitet auch WENZENS (1977:69) ein tropisches, wechselfeuchtes Klima ab.

Aus den tiefen Zersatzzonen wird geschlossen, daß am Ende des Pont noch ein Flächenbildungsmechanismus geherrscht haben muß, wie er als Prozeß der doppelten Einebnungsflächen von BÜDEL (1957, 1965) rezent in den wechselfeuchten Tropen nachgewiesen werden konnte. Wie bereits erläutert, ist diese tiefgründige Verwitterung am Gebirgsrand jedoch nicht erst im Pont entstanden, sondern stellt wahrscheinlich eine Verwitterung aus der Zeit der Bildung der Initialfläche an der Wende Oligozän–Miozän dar. Sie wurde im Pont nicht angelegt, sondern lediglich weiterentwickelt. Auf den miozänen Sedimenten konnte keine Verwitterungsdecke festgestellt werden; falls sie vorhanden war, ist sie abgetragen worden.

Daß es am Ende des Tertiärs noch **partielle Flächenbildung** gegeben hat, zeigen Verebnungsreste in Form der Marginalfläche (MF), die oberhalb der heutigen Rañas liegen (Abb. 64, 65).

So konnte OEHME bereits (1936:88) im Ibortal Altflächensysteme nachweisen, die 60–100 m höher als die Rañas liegen.

Ebenso konnte im Süden der Sierra de Guadalupe in der Schieferausraumzone um Alia und zwischen Cañamero und Logrosan solche Marginalflächen (MF) am Rande der Sierra aufgenommen werden, die heute in 700 bis 750 m Höhe liegen, also etwa 100–120 m über den Rañas. Diese Verebnungen ziehen sich in die Täler der rezenten Flüsse bis in die Gebirge hinein. So streicht das Tal des Rio Ruecas nordwestlich Cañamero vor einer Gefällsstufe auf dieses Niveau aus.

Für das Flächensystem der **Marginalfläche** (MF) gibt es zwei Erklärungsmodelle:

Entweder handelt es sich um Reste einer eigenständigen Rumpfflächenbildung, wie SCHWENZNER (1936) sie für das Zentralspanische Hochland annimmt, oder aber um eine Heraushebung der pontischen Flächen. Die Bildung der M_3-Fläche nach SCHWENZNER im Zentralspanischen Hochland reicht von der Wende Oligozän–Miozän bis in das Pont und ist mit der Bildung der pontischen Fläche im Untersuchungsgebiet gleichzusetzen. Es ist nicht anzunehmen, daß hier eine zusätzliche Flächenbildungsphase zwischengeschaltet war, die auch bisher noch nicht nachgewiesen werden konnte. Vielmehr handelt es sich bei den Marginalflächen um Reste der pontischen Rumpffläche, die in Form von Dreiecksbuchten im Sinne von BÜDEL (1965) oder intramontanen Ebenen im Sinne von BREMER (1967) in das Gebirge hineinreichten.

Die pontische Einebnungsfläche war in weiten Teilen **Aufschüttungsfläche,** die sich jedoch auch durch subkutane Rückwärtsdenudation im Sinne von BÜDEL (1977b) in Dreiecksbuchten im Gebirge fortbildete. Am Ende des Pont setzte dann eine **erneute** Hebung ein. An bereits im Alt- und Mitteltertiär angelegten Schwächezonen kam es dabei zur Wiederbelebung der Tektonik, und die ins Gebirge hineinreichenden Flächenreste wurden über ihr Bildungsniveau herausgehoben. Die Gebirgsbildungsphase ist zeitlich der **rhodanischen** Phase STILLES (1924) gleichzusetzen.

Zwischen den Resten der Marginalflächen und der Gipfelflur, der Initialfläche (IF), liegen rund 500 m; daraus folgt, daß die savische Gebirgsbildungsphase im Miozän die Montes de Toledo um mindestens 500 m aus der Initialfläche herausgehoben hat.

In der postpontischen Hebungsphase setzte auf den Flächen ein, was BREMER (1965) und BÜDEL (1971: 41) unter dem Begriff der **traditionalen Weiterbildung** von Rumpfflächen zusammenfassen.

Neben der Hebung setzte sich die Absenkung der Vorländer geringfügig weiter fort, wie die tektonischen Verstellungen der gesamten Abfolge der Miozänsedimente im Bereich des Tajo-Grabens zeigen.

Weiter muß damit gerechnet werden, daß es im Pliozän zu einer allmählichen Klimaänderung kam. Während wir, wie die Analysen zeigen, im Tertiär ein subtropisches, feucht-warmes Klima annehmen können, ist im Übergang zum Pliozän mit zunehmender Aridität und periodischen oder episodischen Abflußverhältnissen zu rechnen.

Damit wären die Voraussetzungen für eine **Fußflächenbildung** gegeben, wie sie SEUFFERT (1970:21) für die Reliefgenese des Campidano in Sardinien abgeleitet hat. Es war ein Hinterland vorhanden, in dem genügend Feinmaterial aus der vorangegangenen tropischen Tiefenverwitterung bereitgelegt wurde. Eine Vegetationsdecke konnte für das Oberpliozän nicht nachgewiesen werden und ist auch nicht zu erwarten. Gleichzeitig haben die Stabilität des Untergrundes und der Erosionsbasis in den Becken bewirkt, daß die Vorlandflächen nicht zerschnitten wurden. Die Untersuchungen und Rekonstruktionen der Rañaauflagefläche hat die Gestaltung durch Fußflächenbildung bestätigt. Die **Rañabasis** setzt sich aus flachen Mulden und Tiefenlinien zusammen (Abb. 22, Photo 32), die an die Talpforten der Sierrenketten anschließen und im großen und ganzen in der heutigen Entwässerungsrichtung verlaufen. Es waren Leitbahnen eines periodischen oder episodischen Abflusses, der durch körnige Fracht aus dem Hinterland ausgelastet wurde und zunächst während der Fußflächenbildung keine gröberen Komponenten transportierte. Diesem Transport korrelierende Sedimente wurden weit über das heutige Vorland hinaus in die Vorfluterbecken gebracht, wo sie sich bisher nicht als eigene Schüttung stratigraphisch identifizieren ließen.

Einen derartigen Prozeß der Fußflächenbildung hat WICHE (1963) als **Rinnenspülung** bezeichnet. Das Ergebnis ist eine flächenhafte Bearbeitung des unterlagernden Gesteins durch Aufnahme und Abtransport des feinen Verwitterungsdetritus in den Rinnen. Hierbei kann es zwischenzeitlich auch wieder zu Akkumulationen kommen. So betonen ESCORZA & ENRILE (1972: 186), daß es durchaus möglich ist, daß der von ihnen mit m_4 bezeichnete Sedimentkomplex oberhalb der Vindobon-Ablagerung durchaus einem postmiozänen Erosions-Sedimentationszyklus angehören kann.

Da in beiden Arbeitsgebieten im miozänen Akkumulationsraum an der Untergrenze der Rañas keine der pontischen Flächenbildung entsprechende Verwitterung festgestellt werden konnte, ist davon auszugehen, daß entsprechende Verwitterungsmaterialien in dieser Fußflächenbildungsphase ausgeräumt wurden. Lediglich am Gebirgsfuß ist die tiefgründige, z.T. ältere Verwitterung des Anstehenden erhalten geblieben (Photo 30), da dieser Bereich vornehmlich Durchtransport erfahren hat.

Die pontische Rumpffläche wurde zu einer **Gebirgsfußfläche** weitergebildet, die im oberen Teil in tertiär verwittertem Gestein und im unteren Teil in miozänen Beckenfüllungen angelegt ist. Nach MENSCHING (1964:143) handelt es sich im unteren Teil um ein **Glacis d'érsosion**, da es sich in weichem Sedimentgestein befindet. Der obere Teil entspricht dem Traditionspediment von BÜDEL (1977b:161). Da es jedoch in einer sehr tiefgründigen Verwitterung angelegt ist, wäre der Begriff **Traditions-Glacis** treffender.

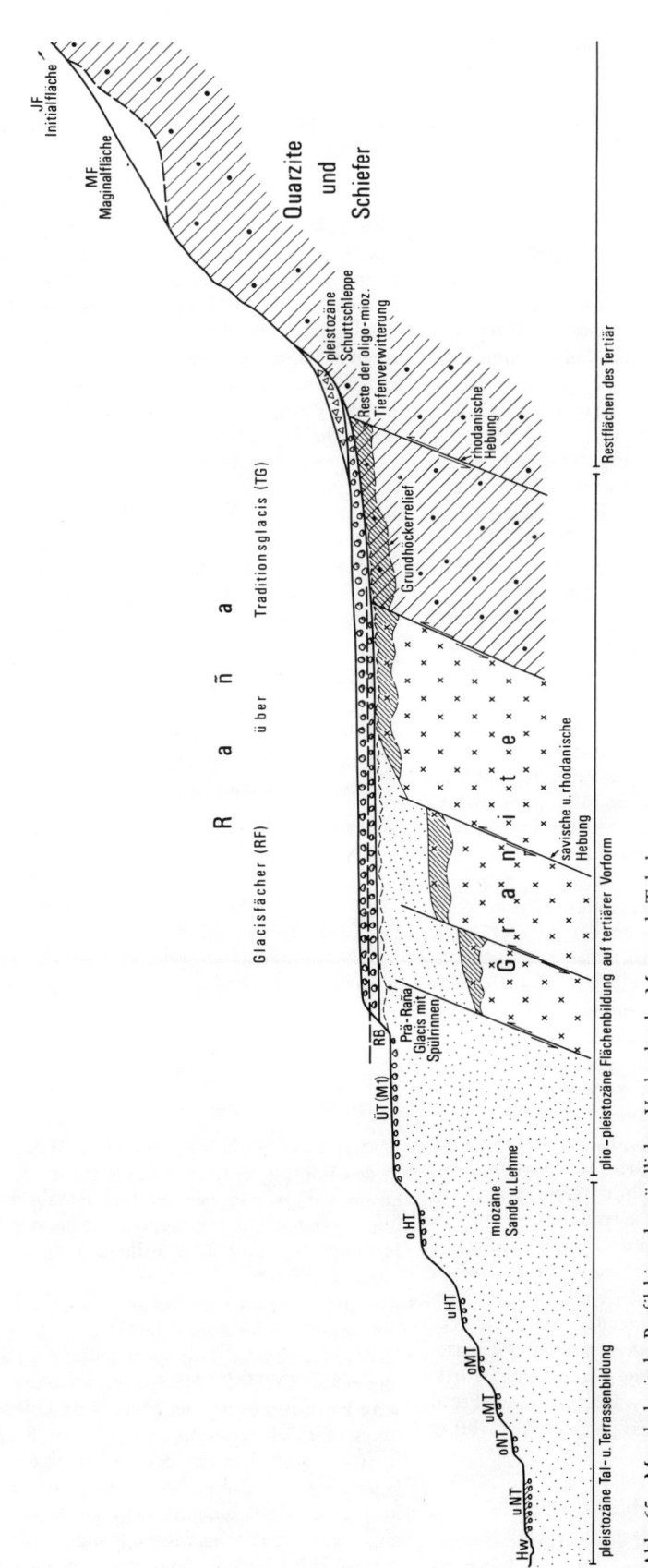

Abb. 65 Morphologische Profilskizze des nördlichen Vorlandes der Montes de Toledo

Dieses pliozäne Glacis entspricht dem M_2-Niveau SCHWENZNER's (1936:184), das er als ‚Rampe oder Fußfläche' bezeichnet.

Eine vergleichbare Abfolge von Altflächenresten konnte auch STÄBEIN (1973:184) für die Sierra de Gredos und die Sierra de Villafranca nachweisen. Da hier ein pleistozäner, glazialer Formenschatz vorhanden ist, konnten die Abtragungsflächen des Gebirgsrandes als älter nachgewiesen werden als die Vergletscherungsperiode.

Es hat sich also gezeigt, daß bereits **vor** Ablagerung der Rañas eine Fußfläche ausgebildet war, die ihren Ursprung in einer Rumpffläche hat, die wahrscheinlich bis zum Pont gebildet wurde. In den gebirgsnahen Teilen wurden bei dieser Bildung abgesunkene Teile der älteren oligozän-miozänen Rumpffläche überarbeitet und durch subkutane Rückwärtsdenudation in die Hebungszone der Montes de Toledo ausgeweitet. Eine solche Entstehung von Pedimenten auf der Basis tertiärer Tiefenverwitterung wird auch von MENSCHING (1968: 66, 1973) aufgrund seiner Beobachtungen in den Trockengebieten Nordamerikas für möglich gehalten.

Die Präraña-Fußfläche wurde durch ‚Rinnenspülung' im Sinne von WICHE (nicht zu verwechseln mit der Entstehung von Spültälern im Sinne BÜDELS [1965]) in Richtung der heutigen Vorfluter Guadiana und Tajo tiefergelegt. Da korrelate Sedimente in Form von groben Schottern nicht gefunden wurden, können wir davon ausgehen, daß die Rinnenspülung in einer Klimaphase wirksam war, die die Fußflächenbildung ermöglichte. SEUFFERT (1970:24) stellt als wichtigste klimaabhängige Bedingung zur Fußflächenbildung heraus, daß ein Gewässernetz vorhanden sein muß, in dem das Gleichgewicht zwischen ober- und unterirdischer Wasserzufuhr ganz eindeutig auf seiten der ersteren liegt. Nur in einem solchen Gewässernetz ist gewährleistet, daß das Belastungsverhältnis der Fließgewässer im Fußflächenbereich nicht durch eine umfangreiche Einspeisung materialfreier (gefilterter) Quell- und Grundwasser zugunsten der Wasserführung verschoben wird.

In der oberpliozänen Klimaphase wurden von den tropischen Verwitterungsrelikten im Gebirge nur die feineren Bestandteile ausgewaschen und die gröberen selektiv im Einzugsgebiet angereichert. Die Transportvorgänge an den Hängen waren gemischt gravitativ-fluvial, wobei die gröberen Blöcke herunterfielen und am Hangfuß liegen blieben. Es bildeten sich im Gebirge möglicherweise **Schwemmschuttkegel** im Sinne von CZAJKA (1958:18), die die Täler in der Aufwölbungszone verfüllten und bis an den Ausgang des Gebirges reichten. Das Gebirge ist praktisch in den groben Verwitterungsrelikten erstickt. Nur aus den oberen Teilen wurde das Feinmaterial ausgewaschen, während die gröberen Bestandteile die unteren Sedimentpartien vor Abtrag schützten.

4.2 Morphogenese der Rañalandschaft

Die Höhenlage der Rañas südlich der Sierra de Guadalupe ist mit rund 615 m ü. NN ca. 100 m niedriger als am Nordrand der Montes de Toledo, wo sie mit 730 bis 735 m ü. NN am Gebirgsfuß ansetzen. Da eine postsedimentäre tektonische Verstellung nicht nachweisbar ist, können wir für die Bildungszeit der Rañas zwei getrennte intramontane Becken (BREMER 1967) mit unterschiedlich hoher Erosionsbasis annehmen.

Die Zusammensetzung der Raña-Sedimente und deren Mächtigkeit ist in beiden Untersuchungsgebieten in etwa gleich. Sie bestehen zu mehr als 98 % aus harten Quarziten und quarzitischen Sandsteinen, von denen die letzteren teilweise angewittert sind. Die Matrix < 2 mm besteht aus einem lehmig-tonigen Substrat mit geringen Sandanteilen (Abb. 20, 21, 34). In den gebirgsnahen unteren Sedimentkomplexen sind mehr als 50 % Tonanteil keine Seltenheit. Diese Tone bestehen zu einem großen Prozentsatz aus Kaolinit (Abb. 58, 59). Die Größe der Fanger nimmt im allgemeinen vom Rand der Gebirge zu den distalen Bereichen ab. Vereinzelt sind auch größere Blöcke bis zu 40 cm Durchmesser weiter ins Vorland transportiert worden.

Die situmetrischen Analysen der Raña-Ablagerungen bei Talavera de la Reina und Guadalupe weisen für die Morphodynamik der Rañagenese drei unterschiedliche Prozesse nach:

a) In den peripheren Teilen der Sierrenketten sind die Grobkomponenten an der Basis der Rañas parallel zur Transportrichtung eingeregelt. Dies ist kennzeichnend für einen Prozeß der **Solifluktion,** der entlang einiger Leitbahnen der Präranñalandschaft bis weit ins Vorland reichte.

b) Im Vorland wird dieser Transport durch einen aquatisch-torrentiellen Abfluß abgelöst, der quasi eine Gleichverteilung für die Einregelung zeigt, bzw. das für die Fanger typische Maximum im Sektor II (STÄBLEIN 1968:89, 1972b), also Ablagerungen eines **aquatischen Fließvorganges,** die geringfügig durch gleichmäßig abfließendes Wasser umgelagert wurden.

c) Im distalen Bereich zeigen die oberen, jüngeren Ablagerungen der Rañas eine **fluviale Einregelung** quer zur Transportrichtung.

Während sich im Norden die Raña-Massen gleichmäßig in den mio-pliozänen Sedimentationen des Tajobeckens ausbreiten, wurden sie im Guadianabecken durch die überragenden Quarzitkämme, die in der rhodanischen Hebungsphase mit aufgewölbt wurden, in einzelne Bahnen kanalisiert.

Aus den Befunden ergibt sich folgendes Prozeßgefüge für die Genese der Rañas:

Ein Faktor für den Transport und die Ablagerungen ist, wie schon OEHME (1936:94) annimmt, **die tektonische Heraushebung** der Montes de Toledo in der rhodanischen Gebirgsbildung des Pliozän. Sie hat die erforderliche Reliefenergie geschaffen, die eine Massenbewegung erst ermöglichte. Dies reichte jedoch zur Auslösung der Rañadynamik noch nicht aus, wie die vorangehende Fußflächenbildung zeigt. Erst die Änderung der exogenen Verhältnisse setzte einen anderen morphodynamischen Prozeß in Gang.

Während wir für das Mittelpliozän ein arides bis semiarides Klima annehmen können, in dem die Fußflächen angelegt wurden, ist gegen Ende des Pliozän mit einem Klima mit stärker gegensätzlich ausgeprägten Jahreszeiten zu rechnen. Wahrscheinlich wird es sich um ein trockeneres Klima gehandelt haben, das keine flächendeckende Vegetation zuließ. Niederschläge flossen daher überwiegend an der Oberfläche ab.

Nach dem Mittelpliozän, in dem nur oberflächlich das Feinmaterial abgespült wurde, setzte an der Wende Plio–Pleistozän eine vollständige Durchfeuchtung der Hangschuttdecken und der tertiären Verwitterungsrelikte ein. Dadurch wurde die Plastizität der Matrix erhöht, so daß aufgrund der Reliefenergie die Schubspannung die innere Scherfestigkeit des Materials überschritt und es zu einer **gravitativen Massenbewegung** kam, die den Charakter rezenter Schlammströme hatte, wie sie WERNER (1972) aus NW-Argentinien beschrieben hat. Auch dort wurde ein Maximum der Einregelung in der Achsenrichtung I nachgewiesen.

Diese Schlammströme blieben jedoch auf gebirgsnahe Teile der Rañas begrenzt. Lediglich in den Tiefenlinien der Fußflächen reichen ihre Ablagerungen bis weit ins Vorland.

Nach dieser Phase der gravitativen Massenselbstbewegung setzte ein aquatischer Prozeß ein, in dem das Wasser nicht nur bewegungsauslösendes und erhaltendes Medium, sondern auch transportierendes Agens war. So wurde in Phasen **torrentieller Abflußverhältnisse** das im Tertiär verwitterte Material über die vorher abgelagerten Schlammströme geschafft und in anastomisierenden Abflußbahnen über die Beckenräume zu einer bis zu 17 m mächtigen Fangerdecke verteilt. In den distalen Bereichen ging dieser Fließvorgang in einen gleichmäßigen Abfluß über, so daß hier eine querachsige Einregelung überwiegt. Den Abschluß dieser Rañasedimentation bilden sandige Ablagerungen mit wenigen kleineren Geröllen, die auf **ausgeglichenere Abflußverhältnisse** hindeuten.

Die Rañas sind also reine Aufschüttungsformen, die sich auf den älteren Fußflächen abgelagert haben und die durch den Transport der Fanger nicht oder nur wenig umgestaltet wurden.

Im Untersuchungsgebiet konnte keine Vermischung von Untergrundmaterial mit den Rañas an der Basis festgestellt werden. Daß bisher für die Fußflächenbildung keine korrelaten Sedimente im Gebiet des Tajo und des Guadiana in Form von Schottern und Kiesen nachgewiesen werden konnten, ist natürlich, da die Fußflächenbildung ja gerade durch Spülrinnen erfolgte, deren Gerinne durch Feinmaterial der Tiefenverwitterung und der miozänen Beckenfüllungen ausgelastet war. Die gröberen Komponenten waren auf der Fläche selber nicht vorhanden, und aus dem Hinterland konnten sie aufgrund der fehlenden Transportkraft nicht abgeführt werden.

Die **zeitliche Datierung** der Rañas wird durch zwei klimamorphologisch nachweisbare Reliefgenerationen eingegrenzt. Die Rañas liegen in ihrer Topographie oberhalb der quartären Flußeintiefungen, wie von anderen Bearbeitern ähnlicher Ablagerungen in anderen Teilen Spaniens bestätigt wird (FISCHER 1974:9; ZAZO 1977:510; HERNANDEZ-PACHECO, F. 1965:14; STÄBLEIN 1973:185, MOLINA BALLESTEROS 1975:57; WENZENS 1977:80 u. a.).

Wie LAUTENSACH (1969:118) bereits feststellte, muß diese Flächenbildung postpontisch sein. Denn aufgrund der orogenen Prozesse und der klimatischen Veränderungen, die, wie erläutert, zur Rañagenese führten, muß die Rañabildung am Ende des Pliozän im Übergang zum Pleistozän abgeschlossen gewesen sein. Dies entspricht der Zeit des **Villafranca** (HERNANDEZ-PACHECO 1950), in dem, wie MABESOONE (1959) für das Duerobecken nachwies, ein trockenes Klima vorherrschte.

Damit ist die Bildung der Rañas in Zentralspanien ein morphodynamischer Vorgang, der typisch ist für den **Übergang** von der tertiärzeitlichen Phase der tropischen Tiefenverwitterung mit ihren Rumpfflächenbildungen zu den pleistozänen Klimaschwankungen mit alternierenden Zyklen erosiver Eintiefung und zwischenzeitlicher Akkumulation. Am Ende des Tertiär wurden die Fußflächen durch traditionale Weiterbildung der Rumpfflächen angelegt und an der Wende vom Tertiär zum Quartär durch die ausgeräumten Tertiärverwitterungsrelikte überschüttet.

Da die Rañasedimente auch am Gebirgsfuß bereits Mächtigkeiten bis zu 14 m erreichen und die heutige Landoberfläche eine Akkumulationsform darstellt, sind die Rañas **Akkumulations-Glacis** bzw. Glacis-Fächer im Sinne von BÜDEL (1977b:161). Sie lagern am Gebirgsrand einem älteren **Traditionsglacis** auf. Ist es im festen Fels entwickelt, wie FISCHER (1974, 1977) dies weiter östlich bei den Montes de Toledo beobachtete, so wird die Fußfläche zum Traditionspediment im Sinne von BÜDEL (1977b:161).

Die Reste der ehemaligen tertiären Verwitterungsbasisfläche sind heute an mehreren Stellen freigelegt und zeigen das typische Bild einer Grundhöckerlandschaft. Bei Santa Ana de Pusa z.B. ist im Granit ein blockreiches Relief zu finden, das 50–60 m unter der heutigen Rañaoberfläche liegt (Photo 4, 20). Wir können daher davon ausgehen, daß hier die tropische Verwitterung bis zu 40–50 m Tiefe unter der Rañabasis gewirkt hat.

Ähnliches gilt für das Gebiet südöstlich von Alia unterhalb der Rañas de Las dos Hermanas (Photo 13). Die Kuppen der ehemaligen Verwitterungsbasis haben einen Relativabstand zur Rañaoberfläche von 50 m. Dies stimmt mit den Ergebnissen der Seismik überein, daß der feste Fels der Sierren, die die Rañas überragen, in diesem Untersuchungsgebiet nicht nur unter die Rañas abtauchen, sondern die Rañas liegen auch direkt am Hangfuß bereits auf einer tiefgründigen Verwitterungsdecke.

4.3 Morphogenese der Terrassen

Unterhalb der Rañas konnten im nördlichen und südlichen Arbeitsgebiet Verebnungsreste auskartiert werden, die, wie die Analyse der auflagernden Sedimente bestätigte, von Flüssen abgelagert wurden, die der heutigen Hydrographie entsprechen (Beilagen 1 u. 2). Die Abflußbahnen wurden also bereits nach der Wende Plio-Pleistozän nach Ablagerung der Rañas festgelegt. Dabei hat sich gezeigt, daß es einen nahezu kontinuierlichen Übergang von der Bildung der Glacis, die durch aquatische Prozesse vom Gebirge her gesteuert wurden, zur Bildung der ersten Flußterrasse gegeben hat, die bei Talavera de la Reina als weite Fläche der Übergangsterrasse erhalten ist. Wie vornehmlich die situmetrischen Untersuchungen zeigten, handelt es sich dabei um eine Flußterrasse und nicht mehr um ein Glacis, wie es MENSCHING (1964:146) für die Pyrenäenflüsse in Nordspanien nachgewiesen hat. Die Übergangsterrasse, die in ihrer relativen Lage zu den übrigen Reliefgenerationen der Fußflächenterrasse des Cornejabeckens (STÄBLEIN 1973:187) und der M_1-Fläche oder „Campiña" (SCHWENZNER 1936:119) entspricht, hat eine sehr große Ausdehnung.

Ähnlich breite Täler finden wir in Resten auch in Mitteleuropa in Form der Breitterrassen (BÜDEL 1977a:8), die von SPÄTH (1969), BRUNNACKER (1975), FINK (1973) u.a. nachgewiesen wurden.

Die Bildung dieser Übergangsterrasse steht zeitlich und klimatisch in engem Zusammenhang mit der Bildung der Rañas, denn zu dem Zeitpunkt, als die tertiärzeitlichen Verwitterungsrelikte der Raña-Fanger aus dem Gebirge ausgeräumt waren, änderte sich die Belastung der Abflüsse und damit die Geomorphodynamik.

Es waren also vorwiegend zwei Faktoren, die den **Wechsel** von der Rañaschüttung zur Terrassenentwicklung bewirkten und die sich besonders im Bereich des Tajo nachhaltig ausgewirkt haben:

1. Die Zuflüsse aus dem Gebirge waren aufgrund der geringen Materialzufuhr nicht ausgelastet und schnitten sich im oberen Teil der Glacis ein, nahmen dabei aber Raña-Fanger auf und führten sie in den Vorfluter, den „Ur-Tajo". Durch die **geringere Transportbelastung** im Oberlauf und dadurch, daß sich der Abfluß nicht mehr großflächig auf dem Glacis ausdehnte, wurde der Fließprozeß in den Gerinnen insgesamt beschleunigt, so daß bei Niederschlagsereignissen die Wassermassen mit geringer Phasenverschiebung und konzentrierter als vorher den Vorfluter erreichen konnten.

2. Während sich der Abfluß bei der Bildung der Rañas flächenhaft auf viele kleine Bahnen verteilte, **konzentrierte** er sich jetzt auf die Tiefenlinien zwischen den Fußflächen der Sierra de Gredos und den Montes de Toledo und konnte so durch häufige Verlagerung des Stromstrichs durch Lateralerosion und geringe Eintiefung ein dementsprechend breites Bett ausbilden.

Da die Schotterakkumulation nicht primär vom Gebirge aus gesteuert wurde, sondern eine Ablagerung aus der Fließrichtung des „Ur-Tajo" erfolgte, ist diese Verebnung als Terrasse zu bezeichnen und nicht als Glacis. Die Bildung der Übergangsterrasse stellt einen Übergangsprozeß von der pliozänen Fußflächenbildung zur pleistozänen Taleintiefung dar.

Im Untersuchungsgebiet südlich Guadalupe ist diese Terrasse bereits wieder vollständig abgetragen und konnte, wie erwähnt, nur noch in schmalen Leisten an den Rañas nachgewiesen werden.

Nach der Bildung der Übergangsterrasse setzten dann die pleistozänen Klimaschwankungen mit der entsprechenden phasenhaften Taleintiefung ein.

In den Terrassen konnten **keine** Periglazialerscheinungen festgestellt werden, wie sie BROSCHE (1972) aus dem Ebrobecken beschreibt. Sie sind auch nach den Untersuchungen von FRÄNZLE (1959:65) nicht zu erwarten, denn das Arbeitsgebiet in den Vorländern der Montes de Toledo liegt nach der Rekonstruktion der Schneegrenze und der Untergrenze der Frostbodenerscheinungen der Würmzeit außerhalb der Region, in der solche Prozesse möglich waren. So ist ein Anschluß an Moränenstände wie in der Sierra de Gredos (STÄBLEIN 1973:187) nicht durchführbar. Es konnte lediglich eine Asymmetrie der Täler des Rio Pusa und des Rio Cedena mit einem steilen westnordwest exponierten und einem flacheren Gegenhang festgestellt werden. Eine Bildung im Periglazialbereich, wie sie BÜDEL (1944) für die asymmetrischen Täler des Hochterrassenfeldes des bayrischen Alpenvorlandes gezeigt hat, scheidet jedoch hier aus, da die Terrassen auf den ostexponierten Hängen Solifluktionserscheinungen aufweisen bzw. abgetragen sein müßten.

Bei der Aufnahme der Terrassen südlich und nördlich der Montes de Toledo hat sich gezeigt, daß die Abfolge der pleistozänen Verebnungen in etwa gleich ist und mit den Untersuchungen der Flußterrassen benachbarter Gebiete, die ganz unterschiedliche tektonische Hebungs- und Senkungsvorgänge erfahren haben und in geologisch verschiedenen Gesteinen ausgebildet sind, übereinstimmen.

So konnte GLADFELTER (1971:178) im Henares-Becken die älteren Untersuchungen von RIBA (1957), VAUDOUR (1969) und SCHWENZNER (1936) im wesentlichen bestätigen und erweitern und eine relative Datierung der vier untersuchten Terrassen des Henares vornehmen. Auch die Untersuchungen im Bereich des Tajo (Beilage 2, Tab.2) erbrachten vergleichbare Terrassenreste.

MOLINA (1975:91) hat im Campo de Calatrava am Guadiana und seinen Nebenflüssen Banuelo und Jabalon entsprechende Terrassensysteme bis in das Alt-Pleistozän rekonstruieren können.

Es muß also der regional übergreifende Faktor des Klimas für den Wechsel von Erosion und Aufschotterung während des Pleistozän entscheidend gewesen sein. Von dieser Theorie gehen auch die meisten der genannten Autoren aus.

Ein direkter Vergleich zwischen dem Glazial und Interglazial in Mitteleuropa mit Pluvial- und Interpluvialzeiten scheint nicht angebracht. ROHDENBURG & SABELBERG (1969) kommen, gestützt auf Bodenuntersuchungen und Pollenanalysen von MENENDEZ AMOR & FLOHRSCHÜTZ (1964) zu dem Schluß, daß den pleistozänen Kaltzeiten in Mitteleuropa relative Trockenzeiten entsprechen, die mit Lößverwehungen und fehlender Vegetation verbunden waren.

So geht auch STÄBLEIN (1974:192) aufgrund seiner Untersuchungen davon aus, daß sich die Terrassen am Rande des Kastilischen Scheidegebirges nur unter weitgehender Vegetationslosigkeit zur Bildungszeit so flächenhaft ausbilden konnten.

Diese Vorstellung wird im Arbeitsgebiet von dem bereits dargestellten Hangschleppeneffekt gestützt (Abb. 23, Photo 17, 18), z.B. im Bereich der unteren Mittelterrasse (uMT) westlich Malpica. Über dem liegenden Schotterkörper, der von einem Feinsediment aus schluffigem Sand überlagert wird, ist hier eine 40–50 cm mächtige Verbraunungszone entwickelt, die auf eine Bodenbildung an einem leicht abgeschrägten Terrassenkörper hindeuten. Dies kann nur in einer Stabilitätsphase (ROHDENBURG 1970) nach Ablagerung der Schotter in einer feuchteren Klimaepoche unter Vegetationsbedeckung geschehen sein.

Danach setzte dann in einem trockeneren, vegetationsfreien Zeitabschnitt eine stärkere Hangformung ein, die die Schotter der älteren Terrassen über die untere Mittelterrasse (uMT) transportierte und die Bodenbildung fossilisierte. Im unteren Teil des Profils findet sich noch ein Tonanreicherungshorizont mit Karbonatkonkretionen, der sich dort durch Entkalkung des darüberlagernden Feinmaterials in einer deszendierenden Wasserbewegung anlagerte. Dies war aber nur in einer feuchteren Klimaphase mit Reliefstabilität möglich, in der die Niederschlagsmenge zumindest zeitweise größer war als die potentielle Evapotranspiration.

Dies spricht für die Theorie, daß während der Bildung der Terrassen und während der Sedimentation der Schotter ein trockeneres Klima geherrscht haben muß, das von feuchteren Phasen mit Vegetationsbedeckung und Bodenbildung abgelöst wurde.

Das Vorkommen von Montmorillonit in den Schotterkörpern spricht mit Einschränkungen für eine solche semiaride Klimaperiode.

In den trockenen Klimaepochen muß es dann zu periodischen oder episodischen Abflüssen aus dem Hinterland gekommen sein, die eine Tiefenerosion und einen Schottertransport auslösten.

Eine solche Dynamik war sicher nicht in einer pluvialen subtropisch-periglazialen Waldlandschaft (BÜDEL 1950, 1951, 1953) möglich, sondern setzt ungeschützte Bodenoberfläche bei weitgehender **Vegetationsfreiheit** voraus (STÄBLEIN 1973:192).

Eine absolute Altersangabe der Terrassensedimente ist im Arbeitsgebiet nicht möglich, da datierbares Material nicht gefunden wurde.

An der Basis der 35 m-Terrasse nordöstlich von Toledo wurde ein Fundplatz altsteinzeitlicher Werkzeuge (AGUADO 1963, 1971), die aus dem Acheul stammen, ausgegraben. Faunenfunde an gleicher Stelle ermöglichten eine zeitliche Einordnung des Terrassenkörpers nach dem Mindel–Riß–Interglazial. Die Terrasse läßt sich bedingt stratigraphisch mit der Mittelterrasse korrelieren.

Aufgrund der Problematik, die morphodynamischen Prozesse in Mitteleuropa mit dem Prozeß der Terrassengenese im westlichen Mediterranraum zu vergleichen, erscheint es angebracht, die Terrassen nicht mit den Begriffen der Kaltzeiten in Mitteleuropa zu datieren, sondern sie nur entsprechend ihrer relativen Lage zur Mittelterrasse als Jung- oder Altpleistozäne Bildungen anzusprechen. Dabei wird das Hochwasserbett rezent noch aktiv umgestaltet.

Die Bildung der unteren Niederterrasse, vergleichbar der Talgrundterrasse im Tormestal (STÄBLEIN 1973: 188), ist sicher schon im jüngsten Pleistozän angelegt worden, aber durch holozäne Feinsedimentaufschwemmungen als subrezente Bildung aufzufassen.

Die obere Niederterrasse ist bereits eine jungpleistozäne Akkumulation. In den oberen Feinsedimentpartien (Photo 16) sind deutliche Hinweise auf jüngere, aber bereits fossile Bodenbildungen erkennbar.

Die Mittelterrassen sind, wie die Datierungen bei Toledo gezeigt haben, mittelpleistozäne Bildungen, während die Hochterrassen im Altpleistozän angelegt wurden, und die Übergangsterrasse ist, wie gesagt, nach der Übergangsphase vom Pliozän zum Pleistozän einzuordnen und als ältestpleistozän zu bezeichnen.

5. ZUSAMMENFASSUNG

In dieser Untersuchung wurde die Reliefentwicklung der Montes de Toledo mit ihren nördlichen und südlichen Vorländern um Talavera de la Reina und Guadalupe verfolgt.

Aus der Lage und der Gestalt der Oberflächenformen und der Analyse der korrelaten Sedimente sollten die formenden Prozesse und ihre **räumliche** und **zeitliche Reliefdynamik** verdeutlicht werden.

Dabei hat sich gezeigt, daß sich die heutigen komplexen Landformen im Bereich der Montes de Toledo aus Resten unterschiedlicher, älterer Prozeßfelder zusammensetzen, die sich als primär **klimagenetische Reliefgenerationen** (i.S. BÜDEL's) im heutigen Landschaftsbild dokumentieren. Hierbei wurde vor allem dem geomorphologischen Formbildungskomplex vom Übergang der tertiären Flächenbildung zur Reliefgeneration der pleistozänen Terrassenbildung besondere Bedeutung beigemessen.

Es stellte sich heraus, daß die Entstehung der Fußflächen eine „traditionale Weiterbildung" der tertiären

Flächensysteme ist und die nachfolgenden Phasen der Rañabildung einen kontinuierlichen Übergang der unterschiedlichen Reliefgestaltungen des Tertiär und des Quartär als Folge der veränderten **exogenen** Dynamik bei bestimmten epirogenen und lithologischen Randbedingungen darstellen.

Für die Montes de Toledo konnten folgende Reliefgenerationen ausgegliedert werden:

Aus der Gipfelflur der Sierrenkämme läßt sich die **Initialfläche** (IF) in 1200–1300 m Höhe rekonstruieren, die als Rest einer oligozänen Rumpffläche interpretiert wurde. Sie ist in der savischen Phase der alpidischen Orogenese rund 500 m emporgehoben worden.

Mit der Heraushebung setzte gleichzeitig der Abtrag der Verwitterungsreste ein, und es konnte zur Füllung der Senkungszonen im Bereich der heutigen Flüsse Guadiana und Tajo mit den miozänen Sanden und Tonen kommen.

Am Ende dieser Sedimentation setzte eine erneute Flächenbildung ein, die zur Entstehung der **mio-pliozänen Rumpffläche** führte. In der rhodanischen Orogenese kam es dann wieder zur Belebung älterer Schwächezonen und zur weiteren Hebung der Montes de Toledo. Dabei wurden am Gebirgsrand Teile dieser Fläche mitgehoben, die heute in Resten als Marginalfläche (MF) am südlichen Rand der Sierra de Guadalupe in 650 bis 700 m ü. NN bei Logrosan und in 700–750 m ü. NN bei Alia erhalten ist.

Aufgrund eines ariderem Klimas kam es dann im Mittelpliozän auf den Resten der älteren Rumpffläche zur Ausbildung eines **Traditionsglacis,** das identisch mit der **Raña-Basisfläche** (RB) ist.

Nach der Bildung dieses Glacis führte ein geringfügig feuchteres Klima zur Labilisierung der älteren mio-pliozänen, groben quarzitischen Verwitterungsmassen, und sie wurden auf dem Glacis in Form der Rañas abgelagert. Dieser Prozeß ist, wie die morphometrischen und situmetrischen Analysen gezeigt haben, in drei Phasen abgelaufen:

So setzte die Raña-Bildung mit einer **schlammstromähnlichen** Selbstbewegung der Massen ein, die aber vor allem auf die gebirgsnahen Teile der Gebirgsränder und auf die unteren Fanger-Sedimente begrenzt blieb. In den darüberliegenden Ablagerungen war vor allem in den mittleren Teilen des Glacis eine **torrentielle Dynamik** wirksam. Der Abschluß der Rañagenese wurde dann durch **gleichmäßigere** Abflußverhältnisse gekennzeichnet, die zur Bildung der Rañafläche (RF) führten.

Nach Abtrag der Relikte der tertiären Verwitterung im Gebirge änderten sich die Abflußverhältnisse aufgrund der verringerten Transportbelastung, und es entstand durch einen fluvialen Prozeß vornehmlich durch Lateralerosion die **Übergangsterrasse (ÜT).** Danach kam es zur quartären Einschneidung der Täler mit dem klimagesteuerten Wechsel von Erosion, Akkumulation und Bodenbildung.

Die Analyse der Terrassensedimente deutet darauf hin, daß den Kaltzeiten Mitteleuropas aride Klimaperioden mit weitgehender Vegetationsfreiheit und episodischen Niederschlagsereignissen im Untersuchungsgebiet entsprochen haben.

Damit könnten für die Montes de Toledo drei klimatisch bedingte morphodynamische Prozeßgefüge nachgewiesen werden (Abb. 64, 65), die sich in folgenden Reliefgenerationen dokumentieren:

1. Die Reliefgeneration der **tertiären Rumpfflächen** in der Initialfläche (IF) und der Marginalfläche (MF)
2. Die Reliefgeneration der **Fußflächen** mit der jungpliozänen Glacisbildung der Raña-Basisfläche (RB) auf der Grundlage der älteren Vorform und mit den durch eine dreiphasige Genese gekennzeichneten Akkumulations-Glacis der Raña-Fläche (RF), die als Anpassungsprozeß beim Übergang von der tertiären Reliefgeneration zur quartären nachgewiesen wurde.
3. die Reliefgeneration der **quartären Terrassenbildung,** die durch die Ausbildung der Übergangsterrasse begann, mit

   der Übergangsterrasse (ÜT) aus dem Ältestpleistozän
   den Hochterrassen (HT) aus dem Altpleistozän
   den Mittelterrassen (MT) aus dem Mittelpleistozän
   den Niederterrassen (NT) aus dem Jungpleistozän bis Holozän

Summary

Research was carried out on relief development in the Montes de Toledo and their northern and southern forelands round Talavera de la Reina and Guadalupe. The aim was to clarify the formation processes involved, together with their extent and chronological development, on the basis of the situation and shape of relief forms and the analysis of correlate sediments. The current complex landforms in the Montes de Toledo region concist of remains of different and older formation phases manifested today as primary climatic-genetic relief generations (in BÜDEL's terminology). Special emphasis was placed on the geomorphological formation complex lasting from the transition of Tertiary surface erosion to the Pleistocene relief generations with terrace formation.

The genesis of the pediments proved to be a "traditional further development" of the Tertiary plains, and the subsequent raña formation phases represent a continuous transition of the various Tertiary and Quaternary relief formation processes as a result of changed exogenous dynamics under certain epirogenic and lithological boundary conditions.

The following relief generations in the Montes de Toledo were distinguished:

From the summit area of the Sierra ridges the initial plain (IF) was reconstructed at an altitude of 1200–1300 m. It was interpreted as the remains of an Oligocene peneplain. It was lifted about 500 m during the Savian phase of the Alpidic orogeny. At the same time, erosion of the weathered material began, and the subsidence zones in the area of the present-day rivers Guadiana and Tajo were filled in with Miocene sands and clays.

At the end of this sedimentation, surface formation began again, and the Mio-Pliocene peneplain was formed. During the Rhodanian orogeny, old zones of weakness were re-activated, lifting the Montes de Toledo further. During this process, parts of the plain bordering the mountains were also lifted; it is still partially preserved in the form of a marginal plain (MF) on the southern edge of the Sierra de Guadalupe at 650–700 m above sea level near Logrosan and at 700–750 m above sea level near Alia. A more arid climate during the Middle Pleistocene led to the formation of a traditional glacis, identical of the raña base plain (RB), on the remains of the older peneplain. After the formation of this glacis, a slightly more humid climate caused the de-stabilization of the older Mio-Pliocene, coarse, quarzitic detritus masses which were accumulated in raña form on the glacis. Morphometric and situmetric analyses showed that this process took place in 3 phases:

Raña formation began with a mudflow-like movement of the masses. This was mostly limited to the near parts of the mountain fringe and to the lower fanger sediments. The overlying deposits were affected by torrential dynamics, mainly in the middle part of the glacis. In the end-phase of raña formation, run-off processes were more regular, leading to the formation of the raña plain (RF).

After the erosion of Tertiary detritus in the mountains, run-off conditions changed, owing to decreased transport load. The transitional terrace (ÜT) was formed by fluvial erosion, mainly lateral. This was followed by Quaternary incision of the valleys, with alternating erosion, accumulation and soil formation, according to prevailing climatic conditions.

Analysis of the terrace sediments indicates that, in the study area, arid periods with episodic precipitation and almost no vegetation corresponded to the glacial epochs in Central Europe. Thus it was possible to establish three climatically determined morphodynamic processes in the Montes de Toledo (Fig. 64, 65). These are expressed in the following relief generations:

1. the relief generation of the Tertiary peneplains on the initial plain (IF) and the marginal plain (MF),
2. the relief generation of the pediments with the Upper Pleistocene glacis formation of the raña base plain (RB) on the basis of an earlier form and with the accumulation glacis (formed in 3 phases) of the raña plain (RF), which proved to be a process of adjustment during the transition of the Tertiary to the Quaternary relief generation,
3. the relief generation of Quaternary terrace-formation, beginning with the formation of the transitional terrace, with

the transitional terrace (ÜT)	from the Lowest Pleistocene
the upper terraces (HT)	from the Lower Pleistocene
the middle terraces (MT)	from the Middle Pleistocene
the lower terraces (NT)	from the Upper Pleistocene to Holocene.

Translation by A. Beck

Résumé

On a effectué des recherches concernant le développement du relief des Monts de Toledo et de leurs avant-pays septentrionaux et méridionaux aux alentours de Talavera de la Reina et de Guadalupe. On voulait étudier l'étendue et la durée des processus de formation du relief à partir de la position et de la forme du relief et par l'analyse des sédiments corrélatifs. Le relief complexe actuel dans les Monts de Toledo est composé de reliquats de diverses phases de formation précédentes qui se présentent aujourd'hui sous forme de générations de relief climato-génétiques primaires (d'après M. Büdel). On a surtout mis l'accent sur le complexe de formation géomorphologique durant la phase de transition qui va des surfaces d'érosion du Tertiaire aux générations de relief du Pleistocène avec formation de terrasses.

La genèse des glacis résulte "d'une évolution ultérieure traditionelle" des plaines tertiaires, et les phases suivantes de la formation des rañas sont une transition continue entre les formations différentes du relief au Tertiaire et au Quaternaire en raison de la dynamique exogène modifiée selon des conditions lithologiques et épirogènes marginales définies.

Dans les Monts de Toledo, on a trouvé les générations de relief suivantes: A partir du plafond des crêtes de la Sierra, on peut reconstituer la plaine initiale (IF) à 1200–1300 m d'altitude, interprétée comme étant la résultante d'une plaine d'érosion oligocène. Durant la phase savique de l'orogenèse alpine, elle a été soulevée de 500 m à peu près; en même temps commençait l'érosion du matériel décomposé, ce qui a entrainé le remplissage des zones d'abaissement dans la région des fleuves Guadiana et Tajo avec du sable et de l'argile miocène.

A la fin de cette sédimentation, une nouvelle formation de plaines commençait qui a mené à la genèse des plaines d'érosion mio-pliocènes. Pendant l'orogenèse rhodanienne une reprise d'activité des zones faibles soulevait encore d'avantage les Monts de Toledo. En même temps certaines parties de la plaine périférique furent aussi surélevées, dont des restes se présentent à l'heure actuelle sous la forme d'une plaine marginale (MF) à la bordure méridionale de la Sierra de Guadalupe à 650–700 m d'altitude près de Logrosan, et à 700–750 m d'altitude près d'Alia.

Par suite d'un climat plus aride, il s'est formé au Pliocène moyen un glacis de tradition sur les restes de la plaine d'érosion plus ancienne qui est identique à la plaine de base des rañas (RB). Après la formation de ce glacis, un climat légèrement plus humide menait à un instabilisation du détritus quartzitique mio-pliocène grossier, qui s'est ensuite accumulé sur le glacis sous forme de rañas. Ce processus s'est déroulé, comme des analyses morphométrique et situmétrique l'ont démontré, sur trois phases:

La formation des rañas a débuté par un mouvement des masses elles-même sous forme d'une coulée boueuse qui s'est cependant surtout restreinte aux parties proches des bordures de la montagne et aux sédiments de fanger inférieurs.

Dans les sédiments situés au-dessus, une dynamique torrentielle est surtout visible dans la partie médiane du glacis. La fin de la genèse des rañas s'est déroulée sous des conditions d'écoulement plus régulières menant à la formation de la plaine des rañas (RF).

Après l'érosion du détritus tertiaire en montagne, les conditions d'écoulement se sont modifiées à cause de la quantité réduite de matériel transporté, et la terrasse de transition (ÜT) s'est formée principalement par suite d'une érosion fluviale latérale. Ensuite a eu lieu une incision quaternaire des vallées avec érosion, accumulation et formation de sols, suivant les modifications climatiques.

L'analyse des sédiments de la terrasse indique que les époques glaciaires correspondent en Europe centrale aux époques arides avec une absence presque complète de végétation et des précipitations épisodiques dans la région étudiée.

Pour les Monts de Toledo on a donc su mettre en évidence trois processus morphodynamiques dépendants du climat (Abb. 64, 65) qui s'expriment par les générations de relief suivantes:

1. la génération de relief de la plaine d'érosion tertiaire dans la plaine initiale (IF) et la plaine marginale (MF),
2. la génération de relief des glacis du pliocène supérieur avec formation de la plaine de base des rañas (RB) sur une forme antécédente et avec genèse en trois phases de l'accumulation de la plaine des rañas (RF) qui indique un processus d'adaptation durant la phase de transition entre les générations de relief tertiaires et quaternaires,
3. la génération de relief de la formation des terrasses quaternaires qui a débuté par la formation de la terrasse de transition, avec:

la terrasse de transition	(ÜT) de début du Pleistocène
les terrasses supérieures	(HT) du Pleistocène supérieur
les terrasses moyennes	(MT) du Pleistocène moyen
les terrasses inférieures	(NT) du Pleistocène inférieur à l'Holocène.

Traduktion par M. Böse

Resumen

Se efectuaron investigaciones concernientes al desarrollo del relieve de los Montes de Toledo y de las regiones meridionales y septentrionales al pie de la montaña en rededor de Talavera de la Reina y Guadalupe.

Se estudiaron la extensión y la duración da los procesos de formación del relieve partiendo de la posición y forma de la superficie y de los análisis de los sedimentos correlativos.

El relieve complejo actual en la zona de los Montes de Toledo se compone de reliquias de diversas fases de formación precedentes que se documentan en el paisaje actual como generaciones de relieve primeramente climagenéticos (en el sentido de BÜDEL). Especial importancia se dió al complejo de formación geomorfológico en la transición de la erosión de superficie del Terciario hasta las generaciones del relieve del Pleistoceno con formación de terrazas. La génesis de los glacis se explican como una „proseguiente evolución tradicional" de los sistemas terciarios de superficies. Las fases siguientes de formación de rañas son una continua transición entre las diferentes formas del relieve de la Era Terciaria y Cuaternaria, en dependencia del cambio de dinámica exógena con determinadas condiciones marginales litológicas y epirógenas.

Para los Montes de Toledo pudieron clasificarse las siguientes generaciones del relieve:

Partiendo de la plataforma de cimas de la sierra puede reconstruirse la superficie inicial (IF) en 1200 a 1300 m de altitud, interpretándosela como resto de una superficie de erosión del Oligoceno. Ella ha sido levantada cerca de 500 m durante la fase sávica del plegamiento alpino.

Con el alzamiento empezó la erosión del material detrítico y las sinclinales en la actual región de los rios Guadiana y Tajo se llenaron de arenas y arcillas miocénicas.

Concluida aquella sedimentación inició una nueva época de formación de superficies que dió lugar a la superficie de erosión mio-pliocénica. En la orogénesis rhodana se reactivaron antiguas zonas labiles y se produjo un nuevo levantamiento de los Montes de Toledo inclusive partes adyacentes de la superficie de erosión. Resíduos de ella se constatan en la superficie marginal (MF) al sur de la Sierra de Guadalupe, cerca de Logrosan en 650–750 m de altitud y en 700–750 m de altitud cerca de Alía.

En consecuencia de un clima árido en la mitad del Plioceno se formó sobre los restos de la antigua superficie de erosión un glacis tradicional que es idéntico a la superficie básica de la raña (RB). Después de la formación de este glacis un clima ligeramente más húmedo produjo una labilización del antiguo detrito cuarcítico mio-pliocénico grueso y éste se acumuló sobre el glacis en forma de rañas. Este proceso se desarrolló en tres fases, como demuestran los análisis morfométricos y situmétricos:

La formación de rañas empezó con un automovimiento de las masas en forma de corriente de fango, pero que se restringe sobre todo a las partes cercanas de la montaña y a los sedimentos de „fanger" inferiores. En los depósitos situados encima, principalmente en la parte media del glacis, se constata una dinámica torrencial. La conclusión de la formación de rañas se caracteriza por una situación equilibrada de escorrentía superficial que dió lugar a la formación de la superficie de raña (RF).

Después de la ablación de las reliquias de la Era Terciaria cambiaron las condiciones de escorrentía superficial en la montaña a causa de la cantidad reducida de material transportado y se constituyó por un proceso fluvial, especialmente por erosión lateral, la terraza de transición (ÜT). Sigue una época de inciición de valles quaternarios con cambios de erosión, acumulatión y formación de suelos producidos por modificaciones climáticas.

El análisis de los sedimentos de la terraza indica que durante el clima frio en Europa Central predominaba en la region estudiada un clima árido con una absencia casi completa de vegetación y con precipitaciones atmosféricas episódicas.

Así se pueden comprobar para los Montes de Toledo tres procesos morfodinámicos de dependencia climática (Abb. 64, 65) que se documentan en las siguientes generaciones de relieve:

1. La generación del relieve de la superficie de erosión terciaria en la superficie inicial (IF) y en la marginal (MF).
2. La generación del relieve del piedemonte con la formación del glacis del plano basal de rañas (RB) en el Pliocenio Superior sobre una forma antecedente y con una génesis de los glacis de acumulación de la superficie de rañas (RF) en tres fases. Ellas indican un proceso de adaptación durante la transición de la generación del relieve terciario a quaternario.
3. La generación de formación de terrazas quaternarias que se inicia con la constitución de una terraza de transición y que consiste en:
   - la terraza de transición (ÜT) de los comienzos del Pleistocenio
   - las terrazas superiores (HT) del Pleistocenio Superior
   - las terrazas medias (MT) del Pleistocenio Medio
   - las terrazas inferiores (NT) del Pleistocenio Inferior hasta Holocenio.

Traducido por M. Linares-Bezold

6. METHODEN-ANHANG

6.1 Luftbildauswertung und Höhenmessung

Für beide Arbeitsgebiete lagen flächendeckend Stereo-Luftbildpaare im Maßstab ca. 1 : 30000 einer Luftbildbefliegung aus dem Jahre 1956 vor. Sie wurden mit Hilfe eines Old Delft Scanning Stereoscop ODSS III vor den Geländeaufenthalten qualitativ ausgewertet und nach der Kartierung der Formengesellschaften im Gelände zur Überprüfung und Vervollständigung der Ergebnisse herangezogen.

Eine quantitative Auswertung der Luftbilder wurde nicht durchgeführt, da dies nur für die Höhenmessung der verschiedenen Niveaus nötig gewesen wäre. Aufgrund der geringen Höhenunterschiede z.B. der Terrassen erschien diese Methode bei einem Bildmaßstab von ca. 1 : 30000 jedoch zu ungenau.

Für die Bestimmung der relativen Höhen wurden deshalb ausschließlich Feldmessungen durchgeführt. Bei geringen Niveauunterschieden der Flächen wurde die

Methode des Freihandnivellierens (SCHWEISSTHAL 1966:31) angewandt.
Im übrigen erwiesen sich barometrische Höhenmessungen mit einem Thommen Bodenhöhenmesser Typ 3 B 4 als hinreichend genau, wenn der absolute Barometerdruck nicht zu sehr schwankte, die Meßintervalle nicht über 2–3 Stunden gingen und eine zwischenzeitliche Nachjustierung an topographischen Meßpunkten möglich war.

6.2 Grobsedimentanalyse

Bei einer Grobsedimentanalyse wurden in einem Aufschluß in einem repräsentativen Ausschnitt ein Areal von 1 m² abgesteckt und darin 100 Steine von 2–15 cm vermessen. Dabei wurde nach den bisher in der Literatur üblichen Methoden der Schotteranalyse verfahren (STÄBLEIN 1968:84, 1970, 1972b). Eine Differenzierung nach Gesteinsarten war bei den Rañas nicht notwendig, da sie fast ausschließlich Quarzite enthalten.

6.3 Korngrößenanalyse

Die Bestimmung des Korngrößenspektrums wurde getrennt nach verschiedenen Korngrößenbereichen behandelt, und zwar in der Fraktion $> 0,063$ mm als Siebanalyse sowie für die Fraktion $< 0,063$ mm als Schlämmanalyse.
Bei der Siebanalyse wurden Maschensiebe nach DIN 4188 mit den Maschenweiten 0,063 mm, 0,125 mm, 0,200 mm, 0,315 mm, 0,630 mm, 1 mm und 2 mm benutzt. Dabei wurden ausschließlich Naßsiebungen von 20 Minuten Dauer mit Unterbrecher-Kontaktlaufwerk durchgeführt. Die Proben wurden vorher in einer 0,01 molare $Na_4P_2O_7$-Lösung mit dem Ultraschalldesintegrator 2 Minuten dispergiert und am folgenden Tage weiter verarbeitet. Bei Mischproben mit hohem organischen Anteil wurde das Material mit H_2O_2 abgekocht. Kalkverbackungen wurden mit HCl (10 %) gelöst.
Die Schlämmanalysen der Feinfraktionen wurden auf 2 Arten bestimmt:
Einmal erfolgte die Fraktionierung mit dem Pipettiergerät nach KÖHN, parallel dazu wurde ein Teil der Proben mit der Sedimentationswaage (Sartorius Typ 4600) im Vergleich untersucht. Diese Proben wurden getrocknet, falls erforderlich mit HCl oder H_2O_2 bearbeitet und etwa 2 Minuten mit Ultraschall zusätzlich behandelt. Als Dispergierungsmittel wurde eine 0,01 molare $Na_4P_2O_7$-Lösung verwandt. Bei eisenreichen Proben wurde, um die Bildung von Eisenphosphaten zu unterbinden, mit Ammoniak dispergiert.
Bei der Sedimentationswaage ergab sich das Problem, aus einer Probe eine repräsentative Teilmenge von 800 mg zu separieren.
Um die Überlastung der Waage durch die Korntraktion $> 0,063$ mm auszuschließen, wurde eine Menge $< 0,063$ mm von ca. 10 g vorher abgesiebt, in 1000 ml H_2O aufgeschlämmt, gut durchmischt und naß geteilt. Dies war möglich, da bei der Sedimentationswaage die genaue Einwaage nicht bekannt sein muß, weil lediglich die Gewichtszunahme auf der Fallplatte registriert wird, aus der durch Differentiation die Korngrößensummenkurve ermittelt wird.
Der Vergleich der Ergebnisse der Pipettieranalyse und der Sedimentationswaage zeigte gute Übereinstimmungen. Geringfügige Abweichungen traten im Bereich der Schlufffraktion auf, da sowohl bei der Pipettieranalyse als auch bei der Korngrößenbestimmung mit der Sedimentationswaage die erste Sedimentationsphase durch Turbulenzen gestört ist und somit die Voraussetzung für die Gültigkeit des Stokesschen Gesetzes nicht immer erfüllt ist. War die Abweichung größer, wurde bei einigen Proben bis 0,020 mm gesiebt, um so einen überschneidenden Meßbereich von 0,020–0,063 mm zu erhalten.
Analysen, die bei der Summenbildung um ± 5 % Fehlerabweichungen von 100 % zeigten, wurden verworfen.

6.4 Tonmineralanalyse

Zur Bestimmung der Tonminerale wurden Röntgendiffraktometer-Analysen durchgeführt. Dabei wurde zunächst durch Sedimentation in Attaberg-Zylindern die Fraktion $< 0,002$ mm separiert, getrocknet und in einer Achatreibschale feinst gepulvert. Dann wurden 1–2 g in ca. 50 ml Wasser aufgeschlämmt, mit einer Pipette auf Objektträger gebracht und bei 30° C eingedampft. Es hat sich gezeigt, daß Texturpräparate für die Bestimmung der Tonminerale ausreichen; texturfreie Proben erübrigen sich. Für die Analysen wurde ein selbstregistrierendes Röntgendiffraktometer (Philips-Novelco) benutzt. Als Strahlungsquellen wurden Röhren mit Co-Anode und Cu-Anode bei 20 kV und 40 mA, mit Ni-Filter und Graphitmonochromator (AMR) verwandt. Zur Auswertung der Ergebnisse wurden die ASTM-Kartei und Tabellen aus ‚Clay mineralogy' (GRIM 1968) hinzugezogen.
Um die Minerale der 14 Å-Gruppe zu differenzieren, wurden die meisten Präparate mit Glycerin behandelt und getempert, um so die hydratisierten Schichtsilikate zu identifizieren.
14 Å-Minerale, die die Hydratschichten bei Behandlung mit Glycerin austauschen und auf 17 Å aufweiten und bei Erhitzen auf 10 Å schrumpfen, wurden zur Montmorillonit-Gruppe gezählt. Diese Gruppe wurde nicht weiter unterschieden.
Vermiculite sind Minerale, die nicht „quellfähig" sind, die jedoch bei Erhitzen ihren Basisabstand verändern.
Mit Chlorit wurden die Minerale bezeichnet, die gegen Tempern bis zu 200° C und Behandlung mit organischer Verbindung im 14 Å-Bereich stabil sind.
Um in etwa einen semi-quantitativen Vergleich der in einem Präparat vorkommenden Tonminerale zu erhalten, wurden die Intensitäten der Interferenzen herangezogen. Da sie jedoch sehr stark vom Kristallisationszustand abhängen, können sie nur Näherungswerte liefern. Hinzu kommt, daß es bei dicht beieinanderliegenden Interferenzen zur Anhebung des Untergrundes kommt.

Beim Mengenvergleich wurden die Intensitäten der Interferenzen, wie SCHOEN (1969:23) es vorschlägt, mit Faktoren multipliziert, und zwar
mit 1 für Kaolinit und Illit,
mit 2 für Chlorit,
mit 3 für Vermiculit,
mit 4 oder 5 für Montmorillonit.

6.5 Statistische Methoden

Bei der morphometrischen und situmetrischen Analyse der Grobsedimente fielen erhebliche Datenmengen an, die aufbereitet und statistisch verarbeitet werden mußten.
Aus den gemessenen Größen Länge (L), Breite (l), Dicke (E) und dem kleinsten Krümmungskreis der (L × l)-Ebene wurden folgende Indices errechnet:

Der Abplattungswert $\pi = \frac{L}{E} \times 100$ (LÜTTIG 1956)

Der Symmetriewert $\sigma = \frac{L}{l} \times 100$ (LÜTTIG 1956)

Der Zurundungsindex $Z = \frac{2r}{L} \times 1000$ (CALLIEUX 1952)

Der Zurundungsindex $z = \frac{2r}{l} \times 1000$ (KUENEN 1956)

Der Abplattungsindex $A = \frac{L+l}{2E} \times 100$ (CAILLEUX 1952)

Der Schlankheitsgrad $S = \frac{l}{L} \times 1000$ (POSER-HÖVERMANN 1952)

Der Plattheitsgrad $p = \frac{E}{l} \times 1000$ (BLENK 1960)

Der Plattheitsgrad $P = \frac{E}{L} \times 1000$ (BLENK 1960)

Mit stochastischen Testverfahren, dem CHI-Quadrat-Test und dem Kolmogoroff-Smirnoff-Test wurden die Verteilungen und mit dem Student-Test die Mittelwerte der einzelnen Stichproben miteinander verglichen.
Mit dem CHI-Quadrat-Test (KREYSZIG 1975:230), der als nicht parametrischer Test keine Bedingungen an die Art der zu vergleichenden Verteilungen enthält, wurde geprüft, ob die bei der Situmetrie auftretenden Maxima in den Einregelungssektoren signifikant sind, oder ob sie gleichverteilt sind. Diese Rechnungen wurden mit einem programmierbaren Rechner (HP 65) durchgeführt.
Inwieweit die Mittelwertunterschiede der Häufigkeitsverteilungen von Formindizes genetisch verschiedener Grobsedimentproben signifikant sind, wurde mit dem zweiseitigen T-Test (SACHS 1974:209) geprüft.
Testvoraussetzung dabei ist, daß die Wertereihen annähernd normalverteilt sind. Dies wurde mit dem Test nach DAVID (SACHS 1974:254) ermittelt. Weiter dürfen hierbei die Streuungswerte S_1 und S_2 nicht zu verschieden sein.
Da die Testvoraussetzung der Normalverteilung der Stichproben nicht in allen Fällen gewährleistet war, wurden die Häufigkeitsverteilungen der Indexwerte verschiedener Proben mit dem nicht parametrischen Kolmogoroff-Smirnoff-Test (KREYSZIG 1975:234) auf signifikante Unterschiede überprüft. Dieser zweiseitige Test eignet sich, wie STÄBLEIN (1970:100, 1972b) und DE GROOT (1974:25) bereits feststellten, in der Grobsedimentanalyse zur Überprüfung, ob zwei unabhängige Stichproben der gleichen Grundgesamtheit entstammen und damit die gleiche Verteilung haben.
Die Rechnungen wurden auf einer IBM-Anlage der Zentraleinrichtung für Datenverarbeitung (ZEDAT) der FU-Berlin durchgeführt.
Es wurde ein integriertes Programm für die Berechnung der Formindizes, deren Verteilungen und deren Berechnung der Testgrößen für den Kolmogoroff-Smirnoff-Test, den T-Test und den F-Test zusammengestellt. Dabei wurden einzelne Subroutines aus dem SPSS- und dem IMSL-Programmpaket aufgerufen. Die Ergebnisse sind in Signifikanz-Matrizen zusammengefaßt (Abb. 36, 37, 49–57).

6.6 Refraktionsseismik

Ein Problem im Untersuchungsgang war die Bestimmung der Mächtigkeit der Sedimentdecken, insbesondere der Rañas.
Neben direkten Messungen in den Aufschlüssen wurde die Methode der Refraktionsseismik angewandt.
Es stand dazu ein tragbares „Ein-Kanal-Gerät" (Bison-Signal-Enhancement Seismograph Model 1570 C) zur Verfügung. Die Spur der seismischen Impulse wurde z.T. mit einem Minigor-Schreiber Typ RE 501 aufgezeichnet, um insbesondere bei großen Profil-Auslagen den Ersteinsatz der Mintrop-Welle von den Störimpulsen unterscheiden und eventuelle Ablesefehler, die sich bei der Auswertung ergaben, noch korrigieren zu können (Abb. 66).
Da die Auswertung der Zeit-Entfernungsdiagramme einige Erfahrung voraussetzt, wurden im Arbeitsgebiet mehrere Kontroll-Messungen an Aufschlüssen durchgeführt, wo die Schichtmächtigkeit bekannt war.
In der Regel wurden die Profile mit Schuß- und Gegenschuß-Messung mit 50 bis zu 130 m Auslage je nach Schichtmächtigkeit durchgeführt. Da die Total-Laufzeiten zwischen zwei Geophonstandorten in beiden Richtungen gleich sein müssen, war eine Kontrolle für die Richtigkeit der Messung möglich.
Auswertung:
Die gemessenen Laufzeiten wurden in ein Weg-Zeit-Diagramm eingetragen (Abb. 67, 68). Bei linearer Anordnung der Punkte wurde durch die jeweilige Punktwolke mit Hilfe der Methode der kleinsten Quadrate die Regressionsgerade berechnet. Die Geschwindigkeit ergab sich aus dem reziproken Wert der Steigung und die Intercept-Zeit aus dem konstanten Glied der Gleichung.
Es traten in der Regel Dreischicht-Fälle auf, deren Mächtigkeiten mit folgenden Intercept-Zeit-Formeln berechnet wurden (MOONEY 1973, DOBRIN 1976: 298):

Definition der verwendeten Abkürzungen:

D_n = Schichtmächtigkeit der n-ten Schicht
v_n = Scheingeschwindigkeit der seismischen Wellen in der n-ten Schicht
T_n = Intercept-Zeit für v_{n-1}
Θ = Neigungswinkel der Grenzschicht

$$D_1 = v_1 T_1 \frac{1}{2} \frac{v_2}{\sqrt{v_2^2 - v_1^2}} = \frac{v_2 T_1}{2} \frac{1}{\sqrt{\left(\frac{v_2}{v_1}\right)^2 - 1}}$$

$$D_2 = \frac{v_3 T_2}{2} \frac{1}{\sqrt{\left(\frac{v_3}{v_2}\right)^2 - 1}} - D_1 Q$$

$$Q = \frac{\sqrt{\left(\frac{v_3}{v_1}\right)^2 - 1}}{\sqrt{\left(\frac{v_3}{v_2}\right)^2 - 1}}$$

$$D_3 = \frac{v_4 T_3}{2} \cdot \frac{1}{\sqrt{\left(\frac{v_4}{v_3}\right)^2 - 1}} - D_1(Q'' - Q') - D_2 Q'$$

$$Q' = \sqrt{\frac{\left(\frac{v_4}{v_2}\right)^2 - 1}{\left(\frac{v_4}{v_3}\right)^2 - 1} - 1}$$

$$Q'' = \sqrt{\frac{\left(\frac{v_4}{v_1}\right)^2 - 1}{\left(\frac{v_4}{v_3}\right)^2 - 1} - 1}$$

Diese Berechnungen wurden mit einem programmierbaren Rechner (HP 65) durchgeführt.
Für folgende Sonderfälle mußten andere Berechnungsmethoden verwendet werden:

1. Lag die refraktierende Schicht nicht horizontal, so wurde bei Neigungswinkeln bis zu 10° für die Geschwindigkeit das arithmetische Mittel der an den zwei Geophonstandorten gemessenen Werte gebildet.

   Bei Neigungen über 10° wurde folgendes Berechnungsverfahren angewandt (MOONEY 1973):

$$D_A = \frac{v_1 T_{1A}}{\cos \Theta} \frac{1}{2} \frac{v_2}{\sqrt{v_2^2 - v_1^2}}$$

$$D_B = \frac{v_1 T_{1B}}{\cos \Theta} \frac{1}{2} \frac{v_2}{\sqrt{v_2^2 - v_1^2}}$$

$$\Theta = \frac{1}{2} \left[\sin^{-1}\left(\frac{v_1}{v_{2B}}\right) - \sin^{-1}\left(\frac{v_1}{v_{2A}}\right) \right]$$

$$v_2 = 2 \cos \Theta \frac{v_{2A} v_{2B}}{v_{2A} + v_{2B}}$$

A und B sind dabei die zwei Geophonstandorte. Die zugehörigen Meßgrößen sind mit den Indizes gekennzeichnet.

2. Wurde bei der möglichen Auslage keine dichtere Schicht im Untergrund erfaßt, z.B. das Anstehende unter den Rañas oder der Verwitterungsdecke, so konnte trotzdem eine Minimaltiefe berechnet werden, wenn die Laufzeiten in dem zu erwartenden Medium in etwa bekannt waren. Dabei wurde der

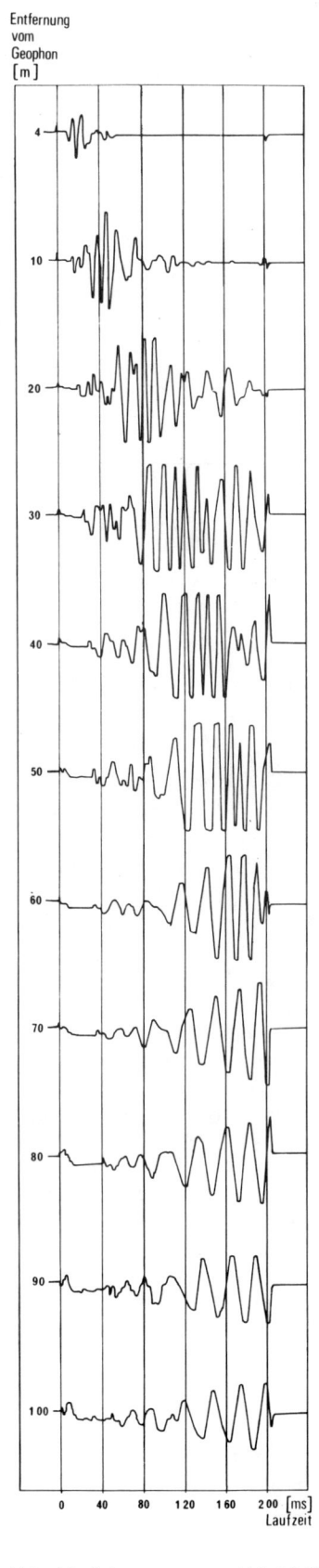

Abb. 66 Seismogramm zu Abb. 15,68.

Raña-Cosa de Petra Pazos

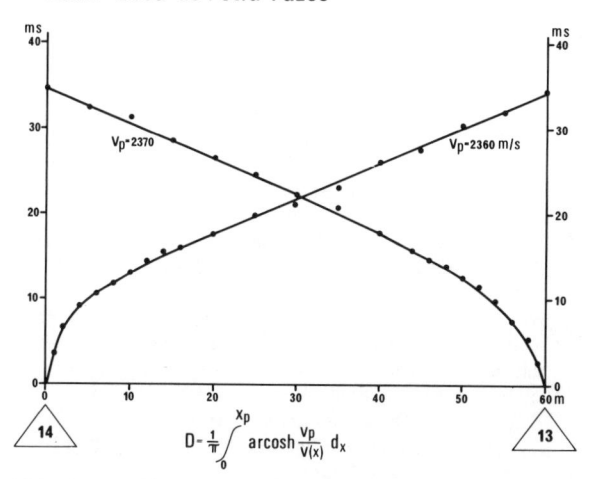

Abb. 67 zu Abb. 43 Seismik-Laufzeit-Diagramm zum Profil der Abb. 43 mit einer kontinuierlichen Zunahme der Geschwindigkeiten bis zum Erreichen der dichteren, homogenen Schicht. Die Auswertung erfolgte mit dem Wiechert-Herglotz-Verfahren (vgl. 6.6).

Knickpunkt mit der Maximalauslage gleichgesetzt und mit der vermuteten Geschwindigkeit die Minimaltiefe errechnet.

3. Bei den seismischen Messungen auf tiefgründig verwittertem Gestein stellte sich häufig eine nicht lineare Geschwindigkeitsänderung der seismischen Wellen ein (Abb. 67). In einem kontinuierlich dichter werdenden Medium werden die Wellen nicht an einer ebenen Grenzfläche geführt, sondern sie laufen als Tauchwellen (MEISSNER, STEGENA 1977:148). In einem solchen Fall wurde das Wiechert-Herglotz-Verfahren, das vor allem in der Krustenforschung Anwendung gefunden hat, benutzt. Dabei wird das sonst in Kugelkoordinaten gebrauchte Wiechert-Herglotzsche Integral in Kartesische Koordinaten umgesetzt.

Die Schichttiefe z ergibt sich dann mit

$$z = \frac{1}{\pi} \int_0^{x^x} \mathrm{ar\,cos\,h} \; \frac{v(x^x)}{v(x)} \, dx$$

Dabei ist x^x der Punkt, an dem die Laufzeiten konstant bleiben.

Die Hammerschlagseismik hat sich insgesamt als ein sehr brauchbares Mittel zur Bestimmung von Sedimentmächtigkeiten der Rañas erwiesen. Es war jedoch erforderlich, einige Profile zweimal aufzunehmen, um Fehlmessungen durch Störungen oder falsche Ablesungen am Gerät des Ersteinsatzes der seismischen Impulse auszuschließen. Wichtig ist es vor allem, alle Profile mit „Schuß" und „Gegenschuß" zu messen, um so eventuelle Fehler schneller zu erkennen.

6.7 Mikromorphologie

Zur genaueren Untersuchung der Quarzitverwitterung der Rañamatrix und deren Herkunft wurden mikromophologische Analysen durchgeführt. Dünnschliffe von den Gesteinen und aus orientierten Proben des Feinmaterials wurden dazu angefertigt, und deren Mineralbestand wurde dann polarisationsoptisch im Durchlicht bestimmt.

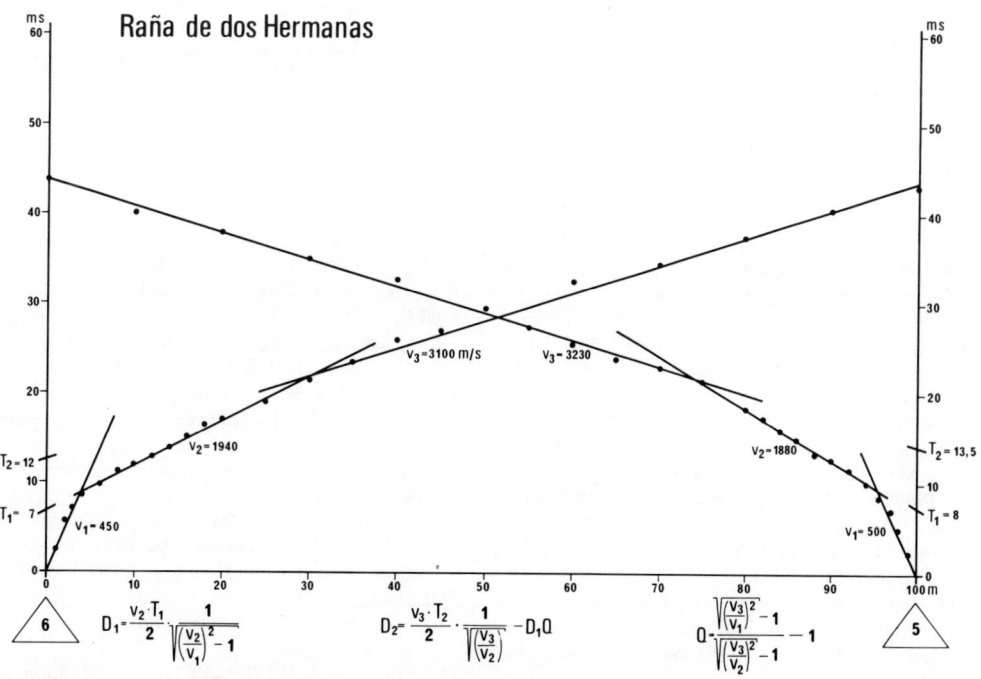

Raña de dos Hermanas

Abb. 68 zu Abb. 15 Seismik-Laufzeit-Diagramm zum Profil der Abb. 34. Typischer Drei-Schichten-Fall mit einer nahezu parallelen Schichtlagerung (s. Anhang), der mit der „Intercept-Zeit-Formel" berechnet wurde.

7. LITERATURVERZEICHNIS

ALIA MEDINA, M. 1944: Datos morfologicos y estratigraficos de los alrededores de Toledo. − Bol. R. Soc. Hist. Nat., 42: 613-614, Madrid

ALIA MEDINA, M. 1945: El Plioceno en el comarca toledana y el origin de la region de la Sagra. − Estudios Geogr., 19: 203-204, Madrid

ALIA MEDINA, M. 1960: Sobre la tectonica profunda de la fossa del Tajo. − Not. y. Com. Inst. Geol. Min. España, 34: 125-162, Madrid

ALIA MEDINA, M. & J. M. PORTERO & C. M. ESCORZA 1973: Evolution geotectonica de la region de Ocaña (Toledo) durante el Neogeno y Cuaternario − Bol. R. Soc. Hist. Nat., 71: 9-20, Madrid

ANDRES, W. 1967: Morphologische Untersuchungen im Limburger Becken und in der Idsteiner Senke. − Rhein-Main.-Forsch. 61: 1-88, Frankfurt

APARICIO YAGUE, A. 1971: Estudio geologico del macizo cristalino de Toledo. − Estudios Geol., 27: 369-414, Madrid

ARANEGUI, P. 1927: Las terrazas cuaternarias del rio Tajo entre Aranjuez (Madrid) y Talavera de la Reina (Toledo). − Bol. de la R. Soc. Esp. de Hist. Nat., 27: 285-290, Madrid

ARRIBAS, A. & E. JIMENEZ & J. M. FUSTERCASAS 1971 Talavera de la Reina. Mapa Geologico de Espana 1:200000 Hoja 52. − Inst. Geol. y. Min. de España, 52: 1-21, Madrid

ASTM-Kartei: hrsg. von der American Society for Testing Materials

BAKKER, J. P., T. LEVELT, 1964: An inquiry into the probability of the polyclimatic development of Peneplains and Pediments (Etchplains) in Europe during the middle and upper senonian and the tertiary period. − Pub. Serv. geol. du Luxembourg 14: 27-75, Luxembourg

BIBUS, E. 1971: Zur Morphologie des südöstlichen Taunus und seines Randgebietes. − Rhein.-Main.-Forsch. 74: 1-291, Frankfurt

BIBUS, E., E. KÜMMERLE 1971: Alter und Ausbildung der „Nauheimer Kantkiese" und „Södeler Rundschotter" der Wetterau. − Jb. nass. Ver. Naturk. 101: 62-74, Wiesbaden

BIRKENHAUER, J. 1970: Der Klimagang im Rheinischen Schiefergebirge und in seinem näheren und weiteren Umland zwischen dem Mitteltertiär und dem Beginn des Pleistozäns. − Erdkunde 24: 268-284, Bonn

BIRKENHAUER, J. 1973: Die Entwicklung des Talsystems und des Stockwerkbaus im zentralen Rheinischen Schiefergebirge zwischen dem Mitteltertiär und Altpleistozän. − Arb. Rhein. Landeskunde, 34: 1-209, Bonn

BISON INSTRUMENTS INC. (Hrsg.) 1976: BISON Instruments Signal Enhancement Seismograph Model 1570 C, Instruction Manual. − 1-9, Minneapolis

BLENK, M. 1960: Ein Beitrag zur morphometrischen Schotteranalyse. − Z. Geomorph., 4: 202-242, Berlin, Stuttgart

BOBEK, H. 1969: Zur Kenntnis der südlichen Lut. − Mitt. Österr. Geogr. Ges., 111: 155-192, Wien

BREMER, H. 1965: Der Einfluß von Vorzeitformen auf die rezente Formung in einem Trockengebiet-Zentralaustralien. − Tag.-Ber. Dt. Geogr. Tag Heidelberg 1963: 184-196, Wiesbaden

BREMER, H. 1967: Zur Morphologie von Zentralaustralien. − Heidelberger Geogr. Arb. 17: 1-224, Heidelberg

BROSCHE, K. U. 1972: Vorzeitliche Periglazialerscheinungen im Ebrobecken in der Umgebung von Zaragoza sowie ein Beitrag zur Ausdehnung von Schutt- und Blockdecken im Zentral- und W-Teil der Ib. Halbinsel. − Gött. Geogr. Abh. 60: 293-316, Göttingen

BRUNNACKER, K. 1974: Lösse und Paläoböden der letzten Kaltzeit im mediterranen Raum. − Eiszeitalter und Gegenwart 25: 62-95, Öhringen

BRUNNACKER, K. 1975: Der stratigraphische Hintergrund von Klimaentwicklung und Morphogenese ab dem höheren Pliozän im westlichen Mitteleuropa. − Z. Geomorph. Suppl. 23: 82-106, Berlin, Stuttgart

BÜDEL, J. 1935: Die Rumpftreppen des westlichen Erzgebirges. − Vortr. u. wiss. Abh. 25. Dt. Geogr. Tag Bad Nauheim: 138-147, Bad Nauheim

BÜDEL, J. 1937: Eiszeitliche und rezente Verwitterung und Abtragung im ehemals nicht vereisten Teil Mitteleuropas. − Pet. Geogr. Mitt., Erg.-H. 229: 1-83, Gotha

BÜDEL, J. 1944: Die morphologischen Wirkungen des Eiszeitklimas im gletscherfreien Gebiet. − Geol. Rdsch., 34: 482-519, Stuttgart

BÜDEL, J. 1950: Das System der klimatischen Morphologie. − Verh. 27. Dt. Geogr. Tag München 1948: 65-100, Landshut

BÜDEL, J. 1951: Die Klimazonen des Eiszeitalters. − Eiszeitalter u. Gegenwart, 1: 16-26, Öhringen

BÜDEL, J. 1951b: Klimamorphologische Beobachtungen in Süditalien. − Erdkunde, 5: 73-76, Bonn

BÜDEL, J. 1953: Die „periglazial"-morphologischen Wirkungen des Eiszeitklimas auf der ganzen Erde. − Erdkunde 7: 249-275, Bonn

BÜDEL, J. 1957: Grundzüge der klimamorphologischen Entwicklung Frankens. − Würzburger Geogr. Arb. 4/5: 5-46, Würzburg

BÜDEL, J. 1965: Die Relieftypen der Flächenspül-Zone Süd-Indiens am Ostabfall Dekans gegen Madras. − Coll. Geogr. 8: 1-100, Bonn

BÜDEL, J. 1969: Das System der klimagenetischen Geomorphologie. − Erdkunde 23: 165-183, Bonn

BÜDEL, J. 1970: Pediment, Rumpfflächen und Rücklandsteilhänge, deren aktive und passive Rückverlegung in verschiedenen Klimaten. − Z. Geomorph. N. F. 14: 1-57, Berlin, Stuttgart

BÜDEL, J. 1971: Das natürliche System der Geomorphologie. − Würzburger Geogr. Arb. 34: 1-152, Würzburg

BÜDEL, J. 1977a: Reliefgenerationen in Mitteleuropa und anderen klimamorphologischen Zonen. − Würzburger Geogr. Arb. 45: 3-24, Würzburg

BÜDEL, J. 1977b: Klima-Geomorphologie. − 1-304, Stuttgart

BUSCHE, D. 1974: Die Entstehung von Pedimenten und ihre Überformung, untersucht an Beispielen aus dem Tibesti-Gebirge, Republique du Tschad. − Berl. Geogr. Abh., 18: 1-127, Berlin

CAILLEUX, A. 1952: Morphoskopische Analyse der Geschiebe und Sandkörner und ihrer Bedeutung für die Paläoklimatologie. − Geol. Rdsch. 40: 11-19, Stuttgart

CAILLEUX, A. 1965: Petrographische Eigenschaften der Gerölle und Sandkörner als Klimazeugen. − Geol. Rdsch. 54: 5-15, Stuttgart

CAILLEUX, A. & J. TRICART 1959: Initiation a l'étude des sables et galets. − (3 Bde) Centre de Documentation Universitaire: 1-369, 1-194, 1-202, Paris.

CHADENSON, L. 1952: Essai Morphologique et Tectonique sur le Pliocene superieur en Afrique du Nord et dans les Steppes Nord-Sahariennes. – Travaux de l'Institut de Recherches Sahariennes 8:49-69, Alger

CORRENS, C. W. 1968: Einführung in die Mineralogie. – 2. Aufl., 1-458, Berlin-Heidelberg-New York

CZAJKA, W. 1958: Schwemmfächerbildung und Schwemmfächerformen. – Mitt. Österr. Geogr. Ges., 100: 18-36, Wien

DE GROOT, R. 1974: Quantitative Analysis of Pediments and fluvial terraces applied to the basin of Montforte de Lemos, Galicia, N. W. Spain. – Publicaties van het fysisch geografisch en bodenkundige Laboratorium van de Uni. van Amsterdam, 22: 1-127, Amsterdam

DOBRIN, M. B. 1976: Introduction to geophysical prospecting. – 3. Aufl., 1-630, New York u. a.

ENGELHARDT, W. v. 1961: Neuere Ergebnisse der Tonmineralforschung. – Geol. Rdsch. 51: 457-477, Stuttgart

ESCORZA, C. M. & J. L. H. ENRILE 1972: Contribucion al conocimiento de la geologia del Terciario occidental de la Fosa del Tajo. – Bol. R. Soc. Hist. Nat. (Geol.), 70: 171-190, Madrid

FEIO, M. 1947: Os Terracos do Guadiana a jusante do Ardila. – Inst. para Alta Cultura, Centro de Estudios Geograficos: 1-82, Lisboa

FINK, J. 1973: Zur Morphogenese des Wiener Raumes. – Z. Geomorph. Suppl. 17: 91-117, Berlin, Stuttgart

FISCHER, K. 1974: Die Pedimente im Bereich der Montes de Toledo, Zentralspanien. – Erdkunde 28: 5-13, Bonn

FISCHER, K. 1977: Reliefgenerationen im Gebiet der Montes de Toledo, Zentralspanien. – Würzburger Geogr. Arb. 45: 69-87, Würzburg

FRÄNZLE, O. 1959: Glaziale und periglaziale Formbildung im östlichen kastilischen Scheidegebirge (Zentralspanien). – Bonner Geogr. Abh., 26: 1-80, Bonn

GEHRENKEMPER, K. 1977: Rezente Morphodynamik und geoökologische Differenzierung in den Montes de Toledo, Zentralspanien. – Unveröffent. Manuskr.

GLADFELTER, B. G. 1971: Meseta and Campiña Landforms in Central Spain, a geomorphology of the Alto Henares Basin. – Univ. of Chicago Dept. of Geogr. Res. Paper 130: 1-204, Chicago

GOMEZ DE LLARENA, J. 1913: Excursion al Mioceno de la Cuenca del Tajo. – Bol. R. Soc. Esp. Hist. Nat., 13: 229-237, Madrid

GOMEZ DE LLARENA, J. 1916: Bosquejo geografico-geologico de los Montes de Toledo. – Trabajos Museo Ciencias Naturales Serie Geologica, 15: 1-74, Madrid

GRAULICH, J. M. 1951: Sedimentologie des poudingues gedinniens au partour du massiv de Stavelot. – Ann. Soc. Geol. Belg. Bull., 74: 163-186, Bruxelles

GRIM, R. E. 1968: Clay Mineralogy. – 1-596, New York, St. Louis u. a.

GUTIERREZ ELORZA & R. VEGAS 1971: Consideraciones sobre la estratigrafia y tectonica del E. de la provincia de Caceres. – Estudios Geol. 27: 177-180, Madrid

HABERLAND, W. 1975: Untersuchungen an Krusten, Wüstenlacken und Polituren auf Gesteinsoberflächen der nördlichen und mittleren Sahara (Libyen und Tschad). – Berl. Geogr. Abh., 21: 1-71, Berlin

HAGEDORN, J. & H. POSER 1974: Räumliche Ordnung der rezenten geomorphologischen Prozeßkombinationen auf der Erde. – Abh. d. Akad. d. Wiss. in Göttingen, Math.-Phys. Klasse, 3, 29: 426-438, Göttingen

HAWKINS, L. V. 1969: Seismic refraction surveys for civil engeneering. – Geophysical Mem. 2: 1-12, Bromma

HEINE, K. 1970: Fluß- und Talgeschichte im Raum Marburg – Bonner Geogr. Abh. 42: 1-195, Bonn

HEMPEL, L. 1972: Über die Aussagekraft von Regelungsmessungen in Mediterrangebieten, geprüft an konvergenten Oberflächenformen. – Z. Geomorph. N. F. 16, 3: 301-314, Berlin, Stuttgart

HERNANDEZ-PACHECO, E. 1912: Itinerario geologico de Toledo a Urda. – Trab. Mus. Cienc. Nat. Serie Geol., 13: 1-46, Madrid

HERNANDEZ-PACHECO, E. 1928a: Fisiografia del Guadiana. – Rev. Centro Estud. extremenos 2: 511-521, Badajoz

HERNANDEZ-PACHECO 1928b: Los cinco Rios principales de España y sus terrazas. – Trab. Mus. Nat. Cienc. Serie geol., 36: 1-151, Madrid

HERNANDEZ-PACHECO, E. 1929: Datos geologicos de la meseta toledano – cacerena y de la fosa del Tajo. – Mem. de la Real. Soc. Esp. d. Hist. Nat., 15: 183-202, Madrid

HERNANDEZ-PACHECO, E. 1946: Los materiales terciarios y cuaternarios de los alrededores de Toledo. – Estudios Geogr. 23: 225-246, Madrid

HERNANDEZ-PACHECO, F. 1950: Las rañas de las Sierras Centrales de Extremadura. – C. R. du Congres Internat. Geogr. Lisbonne 1949, 2: 87-109, Lisbonne

HERNANDEZ-PACHECO, F. 1957: Las formationes de raña de la Peninsula Hispanica. – Res. des Commissao Madrid: 78-79, Barcelona

HERNANDEZ-PACHECO, F. 1962: La formation o despositos de grandes bloques de edat Plioceno, su relation con la Raña. – Estudios Geol., 18: 75-88, Madrid

HERNANDEZ-PACHECO, F. 1965: La formation de la raña al S. de la Somossierra occidental. – Bol. R. Soc. Hist. Nat., Sec. Geol. 63, (1): 5-16, Madrid

HERMANN, A. 1971: Neue Ergebnisse zur glazialmorphogenetischen Gliederung des Obereider-Gebietes. Ein Beitrag zur Eisrandlagengliederung in Schleswig-Holstein. – Schr. Naturw. Verein Schlesw. Holst., 41: 5-41, Kiel

HÜSER, K. 1972: Geomorphologische Untersuchungen im westlichen Hintertaunus. – Tübinger Geogr. Stud., 50: 1-184, Tübingen

HÜSER, K. 1973: Die tertiärmorphologische Erforschung des Rheinischen Schiefergebirges. Ein kritischer Literaturbericht. – Karlsruher Geogr. H. 5: 1-135, Karlsruhe

JIMENEZ, J. M. & A. AMOR 1975: Los depositos de Raña en el borde noroccidental de los Montes de Toledo. – Estudios Geogr. 36: 779-806, Madrid

KELLETAT, D. & D. GASSERT 1975: Die Formengruppe Pediment-Glatthang-Felsfächer der westlichen Mani-Halbinsel, Pelepones. – Die Erde 106. (3): 174-192, Berlin

KESEL, R. H. 1976: The use of the Refraktion-Seismik Techniques in Geomorphologie. – Catena 3: 91-98, Gießen

KÖRBER, H. 1962: Die Entwicklung des Maintales. – Würzburger Geogr. Arb., 10: 1-170, Würzburg

KREYSZIG, E. 1975: Statistische Methoden und ihre Anwendung. – 5. Aufl.: 1-451, Göttingen

KRYGOWSKA, L. & B. KRYGOWSKI 1968: The dynamics of sedimentary environments in the Light histogram types of grain abrasion. – Geographia Polonica, 14: 87-92, Warschau

KUENEN, P. H. 1956: Experimental abrasion of pebbles; Rolling by current. – Am. J. Geol., 64: 336-368, Chicago

LAUTENSACH, H. 1951: Die Niederschlagshöhen auf der Iberischen Halbinsel. Eine geographische Studie. – Pet. Mitt. Jg. 95: 145-160, Gotha

LAUTENSACH, H. 1969: Die Iberische Halbinsel. − 2. Aufl.: 1-700, München

LESER, H. 1967: Beobachtungen und Studien zur quartären Landschaftsentwicklung des Pfrimmgebietes (Südrheinhessen). − Arb. z. Rhein. Landeskunde, 24: 1-442, Bonn

LESER, H. 1977: Feld- und Labormethoden der Geomorphologie. − 1. Aufl.: 1-446, Berlin, New York

LOUIS, H. 1976: Prozeßbedingte Singulärstellen, besonders in fluvialen Abtragungssystemen verschiedener Klimate und die Frage nach Reliefgenerationen. − Z. Geomorph. N.F. 20 (3): 257-274, Berlin, Stuttgart

LÜTTIG, G. 1956: Eine neue, einfache geröllmorphometrische Methode. − Eiszeitalter und Gegenwart, 7: 13-20, Öhringen

LUND, C.E. 1974: The hidden Layer in seismic prospecting. − Geophysical. Mem. 7: 1-4, Bromma

MABESOONE, J.M. 1959: Tertiary and quarternary sedimentation in an part of the Duero Baisin. − Leidse Geol. Mededelingen, 24: 31-180, Leiden

MABESOONE, J.M. 1961: La sedimantation terciaria y cuaternaria de una parte de la cuenca del Duero. − Estudios Geol., 17: 101-130, Madrid

MARTIN AGUADO, M. 1963a: El yacimiento prehistorico de Pinedo (Toledo) y su Industria triedrica. − Publicaciones del Instituto Provincial de Investigaciones y Estudios Toledanos, 2 (1): 1-70, Toledo

MARTIN AGUADO, M. 1963b: Consideraciones sobre las terrazas del Tajo en Toledo. − Not. y con., Inst. Geol. y Min. de España, 71:163-178, Madrid

MARTIN AGUADO, M. 1971: Sobre la prension de los utiles triedricos y el poblamiento de Europa. - Zephyris, 14: 47-56, Salamanca

MEISSNER, R. & STEGENA 1977: Praxis der seismischen Feldmessung und Auswertung. − 1-275, Berlin, Stuttgart

MENSCHING, H. & R. RAYNAL 1954: Fußflächen in Marokko, Beobachtungen zu ihrer Morphogenese an der Ostseite des Mittleren Atlas. − Pet. Mitt., 98: 171-176, Gotha

MENSCHING, H. 1958a: Glacis-Fußfläche-Pediment. − Z. Geomorph. N.F. 2: 165-186, Berlin, Stuttgart

MENSCHING, H. 1958b: Entstehung und Erhaltung von Flächen im semiariden Klima am Beispiel Nordwest-Afrikas. − Tag.-Ber. u. Wiss. Abh., Dt. Geogr.-Tag Würzburg 1957, 31: 173-184, Wiesbaden

MENSCHING, H. 1964: Die regionale und klimatisch-morphologische Differenzierung von Bergfußflächen auf der Iberischen Halbinsel (Ebrobecken-Nordmeseta-Küstenraum Iberiens). − Würzburger Geogr. Arb., 12: 139-158, Würzburg

MENSCHING, H. 1968: Bergfußflächen und das System der Flächenbildung in den ariden Subtropen und Tropen. − Geol. Rdsch., 58: 62-82, Stuttgart

MENSCHING, H. 1973: Pediment und Glacis, ihre Morphogenese und Einordnung in das System der klimatischen Geomorphologie aufgrund von Beobachtungen in den Trockengebieten Nordamerikas (USA-Nordmexiko). − Z. Geomorph., N.F. Suppl., 17: 133-135, Berlin, Stuttgart

MENENDEZ AMOR, J. & F. FLOHRSCHÜTZ 1964: Results of the preliminary palinological investigation of samples from a 50 m boring in Southern Spain. − Bol. R. Soc. Española Hist. Nat. (Geol.), 62: 251-255, Madrid

MERTEN, R. 1955: Stratigraphie und Tektonik der Nordöstlichen Montes de Toledo (Spanien). − Diss. Univ. Münster: 1-103, Münster

MOLINA BALLESTEROS, E. 1975: Estudio del Terciario superior y del Cuaternario del Campo de Calatrava (Ciudad Real). − Trab. Sobre Neogeno-Cuaternario, 3: 1-106, Madrid

MOONEY, H.M. (Hrsg.) 1973: Handbook of Engeneering Geophysics. − Minneapolis

MÜLLER, K.H. 1973: Zur Morphologie des zentralen Hintertaunus und des Limburger Beckens. − Marburger Geogr. Schr. 58: 1-112, Marburg

OEHME, R. 1936: Die Rañas, eine spanische Schuttlandschaft. − Z. Geomorph., 9: 25-42, Berlin

OEHME, R. 1942: Beiträge zur Morphologie des mittleren Estremadura (Spanien). − Ber. Naturf. Ges. Freiburg i.Br., 38: 28-108, Freiburg

OTTO, O. 1917: Anthropogeographische Studien aus Spanien. − Mitt. Geogr. Ges. Hamburg, 30: 69-186, Hamburg

PASSARGE, S. 1912: Physiologische Morphologie. − Mitt. Geogr. Ges. Hamburg, 26, 1: 133-337, Hamburg

PENCK, A. 1894: Studien über das Klima Spaniens während der jüngeren Tertiärperiode und der Diluvialperiode. − Z. Ges. f. Erdkunde zu Berlin, 29: 109-141, Berlin

PEREZ-GONZALEZ, A. & J.A. AMOR 1973: Rasgos sedimentologicos y geomorpholicos del systema de terrazas del rio Henares, en la zona de Alcala-Azuqueca. − Bol. Geol. y Min., 84: 15-22, Madrid

PEREZ de BARRADAS, J. 1920: Algunos datos sobre el cuaternario de las inmediaciones de Toledo. − Bol. R. Academia de Bellas Artes y Ciencias Historicas de Toledo 8, 9: 229-231, Toledo

POSER, H. & J. HÖVERMANN 1952: Beiträge zur morphometrischen und morphologischen Schotteranalyse. − Abh. Braunschw. Wiss. Ges., 4: 12-36, Braunschweig

QUELLE, O. 1917: Anthropogeographische Studien aus Spanien. − Mitt. Geogr. Ges. Hamburg, 30: 71-186, Hamburg

RAMDOHR, P. & H. STRUNZ 1967: Klockmanns Lehrbuch der Mineralogie. − 1 − 820, Stuttgart

RAMIREZ y RAMIREZ, E 1952: Nota previa para el estudio de las rañas. − Anales de Edafologia y Fisiologia vegetal, 11: 389-406, Madrid

RAMIREZ y RAMIREZ, E 1955: El limite cambriano-siluriano en el borde Noroccidental de los Montes de Toledo. − Not. y Com. del Inst. Geologico y Minero de España, 40: 53-85, Madrid

RIBA, O. 1957: Terrasses de Manzanares et du Jarama aux environs de Madrid. − 5. Intern. INQA Congress Guide l'excursion, Madrid

RIEDEL, W. 1973: Bodengeographie des kastilischen und portugiesischen Hauptscheidegebirges. − Mitt. Geogr. Ges. Hamburg, 62: 1-161, Hamburg

ROHDENBURG, H. & U. SABELBERG 1969: Zur Landschaftsökologisch-bodengeographischen und klimagenetisch-geomorphologischen Stellung des westlichen Mediterrangebietes. − Göttinger Bodenkundl. Ber., 7: 27-47, Göttingen

ROHDENBURG, H. 1970: Morphodynamische Aktivitäts- und Stabilitätszeiten statt Pluvial- und Interpluvialzeiten. −Eiszeitalter u. Gegenwart, 21: 81-96, Öhringen

ROMMERSKIRCHEN, E. 1978: Morphogense der Mancha und ihrer Randgebiete. - Düsseldorfer Geogr. Schriften, 10: 1-79, Düsseldorf

SACHS, L. 1974: Angewandte Statistik. − 4. Aufl.: 1-545, Berlin, Heidelberg, New York

SAN JOSE, M.A. de 1971: Villanueva de la Serena. Mapa Geologico de España 1:200000, Hoja 60: Instituto Geologico y Minero de España, 60: 1-19. u. Karte, Madrid

SCHEFFER, F. & P. SCHACHTSCHABEL 1976: Lehrbuch der Bodenkunde. − 9. Aufl.: 1-394, Stuttgart

SCHOEN, U. 1969: Contribution a la connaissance des mineraux argileux dans le sol morocain. — Les cahiers de la recherche agronomique, 26: 1-179, Rabat

SCHWEISSTHAL, R. 1966: Geländeaufnahme mit einfachen Hilfsmitteln. 1-78, Frankfurt

SCHWENZNER, J. 1936: Zur Morphologie des Zentralspanischen Hochlandes. — Geogr. Abh. 3, (10): 1-128, Stuttgart

SEMMEL, A. 1968: Studien über den Verlauf jungpleistozäner Formung in Hessen. — Frankfurter Geogr. H. 45: 1-133, Frankfurt

SEUFFERT, O. 1970: Die Reliefentwicklung der Grabenregion Sardiniens. Ein Beitrag zur Frage der Entstehung von Fußflächen und Fußflächensystemen. — Würzburger Geogr. Arb., 24: 1-129, Würzburg

SEVINK, J. & J.M. VERSTRATEN 1978: Neoformation of Montmorillonite by post-depositional subsurface weathering in a slope deposit in Central France. — Earth Surface Processes, 3: 23-29, Chichester, New York, Brisbane, Toronto

SOLE SABARIS 1952: España, Geografia fisica. — TERAN, (Hrsg.): Geografia de España y Portugal, 1: 1-500, Barcelona

SOS BAYANT, V. 1957: Observaciones sobre la formacion y la edad de las rañas. — Cursillos y conferencias del Instituto Lucas Mallada, 4: 33-35, Madrid

SPÄTH, H. 1969: Die Großformen im Glocknergebiet. Neue Forschungen im Umkreis der Glocknergruppe. — Wiss. Alpenvereins-H., 21: 117-141, München, Innsbruck

STÄBLEIN, G. 1968: Reliefgenerationen der Vorderpfalz, geom. Untersuchungen im Oberrheingraben zwischen Rhein und Pfälzer Wald. — Würzburger Geogr. Arb., 23: 1-191, Würzburg

STÄBLEIN, G. 1970: Grobsediment-Analyse als Arbeitsmethode der genetischen Geomorphologie. — Würzburger Geogr. Arb., 27: 1-203, Würzburg

STÄBLEIN, G. 1972a: Ergebnisse statistischer Optimierungsverfahren bei Meßdaten der Grobsediment-Analyse für eine morphogenetische Interpretation. — Z. Geomorph. N.F. Suppl. 14: 92-104, Berlin, Stuttgart

STÄBLEIN, G. 1972b: Zur Frage geomorphologischer Spuren arider Klimaphasen im Oberrheingebiet. — Z. Geomorph. N.F. Suppl. 15: 66-86, Berlin, Stuttgart

STÄBLEIN, G. 1973: Rezente und fossile Spuren der Morphodynamik in Gebirgsrandzonen des kastilischen Scheidegebirges. — Z. Geomorph. N.F. Suppl. 17: 177-194, Berlin, Stuttgart

STÄBLEIN, G. & H. GEHRENKEMPER 1977: Rañas der Sierra de Guadalupe, Untersuchungen zu Gebirgsrandformationen. — Z. Geomorph. N.F. 21: 411-430, Berlin, Stuttgart

STILLE, H. 1924: Grundfragen der vergleichenden Tektonik. — 1-443, Berlin

TRICART, J. & F. JOLY & R. RAYNAL 1955: Étude morphometrique de galets nordafricaines. — Notes Serv. geol. Maroc, Not. et Mem., 128, 13: 49-83, Rabat

TRICART, J. 1965: Principes et methodes de la geomorphologie. — 1-487, Paris

VAUDOUR, J. 1969: New data about the quaternary of the Madrid region, Spain. — Int. Congr. f. Quartärforschung, Paris: 54, Paris

VAUDOUR, J. 1974: Recherches sur la „terra rossa" de la Alcarria (Nouvelle Castille). Mem. et. Doc. Service de Documentation et de Cartographie Geographique 15: 49-76, Paris

VIDAL BOX, C. 1944: La edad de la superficie de erosion de Toledo y el problema de sus Montes-Islas. — Las Ciencias, 9: 83-111, Madrid

VÖLK, H.R. 1973: Fanglomeratische Einschaltungen in marinen Schichten als klimamorphologische Zeugen kontinentaler Zwischenphasen mit semiarider Flächenbildung. — Notizbl. d. Hess. L.-Amt Bodenf. 101: 327-336, Wiesbaden

WALTER, H. & H. LIETH 1960: Klimadiagramm-Weltatlas. — Jena

WEGGEN, H.K. 1955: Stratigraphie und Tektonik der südlichen Montes de Toledo. — Diss. Univ. Münster: 1-98, Münster

WEISE, O.R. 1967: Reliefgenerationen am Ostrand des Schwarzwaldes. — Würzburger Geogr. Arb., 21: 1-158, Würzburg

WEISE, O.R. 1970: Zur Morphodynamik der Pediplanation. — Z. Geomorph. Suppl. 10: 64-87, Berlin, Stuttgart

WEISE, O.R. 1974: Zur Hangentwicklung und Flächenbildung im Trockengebiet des iranischen Hochlandes. — Würzburger Geogr. Arb. 42: 1-328, Würzburg

WENZENS, G. 1977: Zur Flächengenese auf der Iberischen Halbinsel. — Karlsruher Geogr. Hefte, 8: 68-86, Karlsruhe

WERNER, D.J. 1972: Beobachtungen an Bergfußflächen in den Trockengebieten NW-Argentiniens. — Z. Geomorph. Suppl. 25: 1-20, Berlin, Stuttgart

WICHE, K. 1963: Fußflächen und ihre Deutung. — Mitt. d. Österr. Geogr. Ges. 105 (3): 519-532, Wien

ZAZO, C. 1977: Geomorphological study of the confluence of the rivers Pisnerga, Arlanza and Arlanzon, Basin of Duero (Spain). — 10th INQUA Congress Birmingham, Vol. of Abstr.: 510, Birmingham

ZEUNER, F. 1953: Das Problem der Pluvialzeiten. — Geol. Rdsch., 41: 242-253, Stuttgart

7.1 KARTENVERZEICHNIS

MAPA GEOLOGICO DE ESPAÑA, E. 1:200000
Hrsg.: Instituto Geologico y Minero de España
Hoja 52, Talavera de la Reina (1970)
Hoja 60, Villanueva de la Serena (1970)

MAPA DE SUELOS DE ESPAÑA, E. 1:1000000
Hrsg.: Consejo Superior de Investigaciones cientificas, Instituto Nacional de edafologia y agrobiologica, Madrid, 1968

MAPA MILITAR DE ESPAÑA, E. 1:50000
Hrsg.: Servicio geografico del ejercito
Hoja: 15-25, Calera y Chozas
16-25, Talavera de la Reina
15-26, El Puente de Arzobispo
16-26, Los Navalmorales
683, Espinoso del Rey
707, Logrosan
708, Santa Quiteria
732, Valdecaballeros
733, Castilblanco

MAPA MILITAR DE ESPAÑA, E. 1:200000
Hrsg.: Servicio geografico del ejercito
Hoja: 4-7, Talavera de la Reina
4-8, Villanueva de la Serena

7.2 ABBILDUNGSVERZEICHNIS

Abb. 1: Übersichtskarte von Spanien mit der Lage der Arbeitsgebiete — 8
Abb. 2: Übersichtskarte des Arbeitsgebietes südlich Guadalupe — 9
Abb. 3: Übersichtskarte des Arbeitsgebietes bei Talavera de la Reina — 10
Abb. 4: Raña-Flächen und Geologie des südlichen Vorlandes der Sierra de Guadalupe — 11
Abb. 5: Raña-Flächen und Geologie des Vorlandes der Montes de Toledo bei Talavera de la Reina — 12
Abb. 6: Klimadiagramme aus dem südlichen und nördlichen Vorland der Montes de Toledo — 13
Abb. 7: Granulogramme der Quarzit-Verwitterung nördlich Valdecaballeros, der miozänen Sedimente unter den südlichen Raña de las dos Hermanas und der Quarzit-Verwitterung nördlich Castilblanco — 14
Abb. 8: Granulogramme miozäner Ablagerungen unterhalb der Mesas de la Raña — 14
Abb. 9: Profil der Terrassen am nördlichen Hang des Rio Guadalupejo S-W Alia — 17
Abb. 10: Profil der Terrassen am östlichen Hang des Rio Gudalupejo S–Alia — 18
Abb. 11: Profil der Terrassen am östlichen Hang des Rio Guadalupejo östlich Almansa — 19
Abb. 12: Profil der Terrassen am Arroyo de Santiago — 20
Abb. 13: Profil der Terrassen am Rio Silvadillo bei den Casas de Gargantillas — 21
Abb. 14/15: Seismik-Profil aus dem Übergangsbereich des Hanges zu den Rañas de las dos Hermanas — 22
Abb. 16: Schüttungskegel vor der Talpforte des Rio Ruecas — 23
Abb. 17: Seismik-Profil der Rañas am Fuß des Collado Martin Blasco — 24
Abb. 18: Seismik-Profil des Überganges vom Hang des Collado Martin Blasco zu den Rañas — 24
Abb. 19: Seismik-Profil auf dem Raña-Riedel bei den Casas de Gargantillas — 24
Abb. 20: Granulogramme der Rañamatrix im Profil nördlich Castilblanco — 25
Abb. 21: Granulogramme der Rañamatrix und des miozänen Untergrundes — 25
Abb. 22: Rekonstruktion der ehemaligen Raña-Basis — 26
Abb. 23: Hangschleppeneffekt auf der uMT am Tajo westlich Malpica — 29
Abb. 24: Profil der Terrassen am Rio Sangrera — 31
Abb. 25: Profil der Terrassen am Westhang des Rio Sangrera westlich Pueblanueva — 32
Abb. 26: Profil der Terrassen am Rio Pusa — 33
Abb. 27: Granulogramme der Matrix der Terrassenschotter des Rio Sangrera — 35
Abb. 28: Situgramme der Raña-Fanger und der Terrassenschotter südlich Talavera de la Reina — 36
Abb. 29: Granulogramme der Schottermatrix der oberen Mittelterrasse des Guadalupejo — 37
Abb. 30: Granulogramme der Matrix der Terrassenschotter des Rio Pusa — 37
Abb. 31: Granulogramme der Schottermatrix und des Untergrundes der Übergangsterrasse südöstlich Talavera de la Reina — 37
Abb. 32: Granulogramme der Schottermatrix der unteren Hochterrasse südwestlich Malpica — 38
Abb. 33: Profil der Rañas N Castilblanco — 38
Abb. 34: Granulogramme der Rañamatrix westlich Santa Ana de Pusa, bei Belvis de la Jara und westlich Espinoso del Rey — 38
Abb. 35: Granulogramme der Längsachsen (L) der Grobsedimente der Terrassen und der Rañas — 39
Abb. 36: Signifikanz-Matrix des T-Tests und des Kolmogoroff-Smirnoff-Tests: Länge (L) der Grobsedimente der Terrassen und Rañas — 40
Abb. 37: Signifikanz-Matrix des T-Tests und des Kolmogoroff-Smirnoff-Tests: Breite (l) der Grobsedimente der Terrassen und Rañas — 40
Abb. 38/39: Seismik-Profile aus dem Übergang Hang – Raña westlich Espinoso del Rey — 41
Abb. 40: Raña-Aufschluß nordwestlich Valdecaballeros — 41
Abb. 41: Röntgendiagramme der Quarzitverwitterung nördlich Valdecaballeros und des Hangschutts westlich Espinoso del Rey — 42
Abb. 42: Situgramme der Raña-Fanger und Terrassenschotter im Gebiet Guadalupe — 43
Abb. 43: Seismik-Profil quer zum Gefälle der Rañaoberfläche — 45
Abb. 44: Seismik-Profil senkrecht zum Fallen der Rañaoberfläche — 46
Abb. 45: Seismik-Profil auf den Mesas de la Raña — 46
Abb. 46: Seismik-Profil auf den Rañas de las dos Hermanas — 47
Abb. 47: Seismik-Profil bei der Laguna de los Patos — 47
Abb. 48: Seismik-Profil in Gefällsrichtung der Rañaoberfläche — 47
Abb. 49: Signifikanz-Matrix des T-Tests und des Kolmogoroff-Smirnoff-Tests: Abplattungswert (p) der Grobsedimente der Terrassen und Rañas — 48
Abb. 50: Histogramme des Abplattungsindex (A) der Grobsedimente der Terrassen und Rañas — 49
Abb. 51: Signifikanz-Matrix des T-Tests und des Kolmogoroff-Smirnoff-Tests: Abplattungsindex (A) der Grobsedimente der Terrassen und Rañas — 50
Abb. 52: Signifikanz-Matrix des T-Tests und des Kolmogoroff-Smirnoff-Tests: Plattheitsgrad (p) der Grobsedimente der Terrassen und Rañas — 50
Abb. 53: Signifikanz-Matrix des T-Tests und des Kolmogoroff-Smirnoff-Tests: Plattheitsgrad (P) der Grobsedimente der Terrassen und Rañas — 51
Abb. 54: Signifikanz-Matrix des T-Tests und des Kolmogoroff-Smirnoff-Tests: Symmetriewert (d) der Grobsedimente der Terrassen und Rañas — 51
Abb. 55: Signifikanz-Matrix des T-Tests und des Kolmogoroff-Smirnoff-Tests: Zurundungsindex (Z) der Grobsedimente der Terrassen und Rañas — 52
Abb. 56: Signifikanz-Matrix des T-Tests und des Kolmogoroff-Smirnoff-Tests: Zurundungsindex (z) der Grobsedimente der Terrassen und Rañas — 52
Abb. 57: Vergleich der Histogramme und Summenkurven der Zurundungsindizes z und Z der Grobsedimente der Terrassen und Rañas — 53
Abb. 58: Röntgendiagramme der Rañamatrix N-Castilblanco, W-Espinoso del Rey und bei Belvis de la Jara — 54

Abb. 59: Röntgendiagramme der Rañamatrix und des miozänen Untergrundes nördlich Valdecaballeros   55
Abb. 60: Röntgendiagramme von miozänen Sedimenten nördlich San Bartolomé de las Abiertes und südlich Guadalupe   55
Abb. 61: Röntgendiagramme von Terrassensedimenten der oMT-Rio Guadalupejo, der uMT-Rio Sangrera   56
Abb. 62: Röntgendiagramme von Terrassensedimenten der uHT-Tajo, der oMT-Pusa und der uHT-Pusa   56
Abb. 63: Röntgendiagramme von Terrassensedimenten der oHT-Tajo und der ÜT-Tajo   57
Abb. 64: Morphologische Profilserie der Reliefentwicklung der Montes de Toledo   59
Abb. 65: Morphologische Profilskizze des nördlichen Vorlandes der Montes de Toledo   61
Abb. 66: Seismogramm zu Abb. 15, 68   72
Abb. 67: Seismik-Laufzeit-Diagramm zum Profil der Abb. 43   73
Abb. 68: Seismik-Laufzeit-Diagramm zum Profil der Abb. 34   73

Tabellen:

Tab. 1: Vergleich der Terrassen im Untersuchungsgebiet südlich der Sierra de Guadalupe   15
Tab. 2: Vergleich der Terrassen im Untersuchungsgebiet bei Talavera de la Reina   28

7.3 Tabelle der analysierten Proben

Proben-Nr.	HW	RW	Morphometrie (Abb.)									Granulo-metrie (Abb.)	Ton-mineral-analyse (Abb.)	Mikro-skopie (Photo)	Lokalität
			L	l	π	A	p	P	σ	Z	z				
75/6/1	4403,2	350,4										34			21
75/6/2	4403,2	350,4										34			21
75/13/1	523,35	463,17	35/36	37	49	50/51	52	53	54	55	56	21			56
75/13/1a	523,35	463,17											59		56
75/13/1b	523,35	463,17											59		56
75/13/2	523,35	463,17										21			56
75/13/3	523,35	463,17										21			56
75/13/4	523,35	463,17										21			56
75/13/5	523,35	463,17										21			56
75/14	518,9	452,7	35/36	37	49	50/51	52	53	54	55	56	21	59		61
75/15	518,2	452,1											60		62
75/16	523,3	463,9	35/36	37	49	50/51	52	53	54	55	56				57
75/22a	518,2	452,1										8			62
75/22b	518,2	452,1										8	60		62
75/22c	518,2	452,1										8			62
75/22d	518,2	452,1										8	60		62
75/26	522,7	479,15	35/36	37	49	50/51	52	53	54	55	56				60
75/26b	522,7	479,15										7			60
75/27	525,4	480,2	35/36	37	49	50/51	52	53	54	55	56				53
75/27b	525,4	480,2										7			53
75/28	528,2	474	35/36	37	49	50/51	52	53	54	55	56				50
75/28/1	528,2	474										29			50
75/28/2	528,2	474										29			50
75/28/3	528,2	474										29	61		50
75/30	337,4	471,2	35/36	37	49	50/51	52	53	54	55	56				35
76/1	4403,3	353,8	35/36	37	49	50/51	52	53	54	55	56		63		23
76/2	4415,4	348,5	35/36	37	49	50/51	52	53	54	55	56				9
76/3	4390,8	344,5	35/36	37	49	50/51	52	53	54	55	56				28

Proben-Nr.	HW	RW	Morphometrie (Abb.)									Granulo-metrie (Abb.)	Ton-mineral-analyse (Abb.)	Mikro-kopie (Photo)	Lokalität
			L	l	π	A	p	P	σ	Z	z				
76/5/1	4415,4	348,5										31	60		9
76/5/2	4415,4	348,5										31	63		9
76/5/3	4415,4	348,5										31			9
76/5/4	4415,4	348,5										31			9
76/10	4409,9	358,5										30	62		16
76/11	4410,1	358,2										30	62		15
76/14	519,1	452,8													61
76/16/1	4414,2	350,4										27	61		10
76/16/2	4414,2	350,4										27	61		10
76/17/1	4413,5	350,75										27	61		11
76/18/3	4411,5	356,0										30	63		13
76/20/1	4390,8	344,5											58		28
77/1b	527,2	477,9										20	58		52
77/1c	527,2	477,9										20			52
77/1e	527,2	477,9										20			52
77/1f	527,2	477,9										20	58		52
77/5a	522,6	464,9										7	41	29	58
77/5b	522,6	464,9										7	41	27–28	58
77/7	4401,4	331,6										34	58		19
77/8	4392,8	341,9										34	41		27
77/10a	4420,8	351,7										32	63		2
77/13	4415,6	366,95										32	62		8
77/15a	4418,9	362,5										32			5
77/15b	4418,9	362,5										32	62		5
77/20/1	4390,8	344,5										34			28
77/203	4401,4	331,6	35 36	37	49	50 51	52	53	54	55	56				19
77/205	4395,1	353,8	35 36	37	49	50 51	52	53	54	55	56				25
77/206	4420,8	351,7	35 36	37	49	50 51	52	53	54	55	56				2

Photo 1 Luftbildstereo-Paar der Rañas „Mesa del Pinar" südöstlich Guadalupe (Lokalität 33).
Die Abflußbahnen auf der Rañafläche beginnen als flache Mulden, die sich, wenn die Fangerdecke durchteuft ist, in die weichen miozänen Sedimente kerbtalartig einschneiden.
Während an den Nord-exponierten Hängen der Rañas nur kleinere Wasserrisse entstehen, sind nach Süden durch Quellaustritte an der Rañabasis Kerbtäler entstanden.
Nördlich der „Mesa del Pinar" das Tal des Rio Guadalupejo mit pleistozänen Terrassenresten (vgl. Beilage 1).
Maßstab: ca. 1 : 30 000

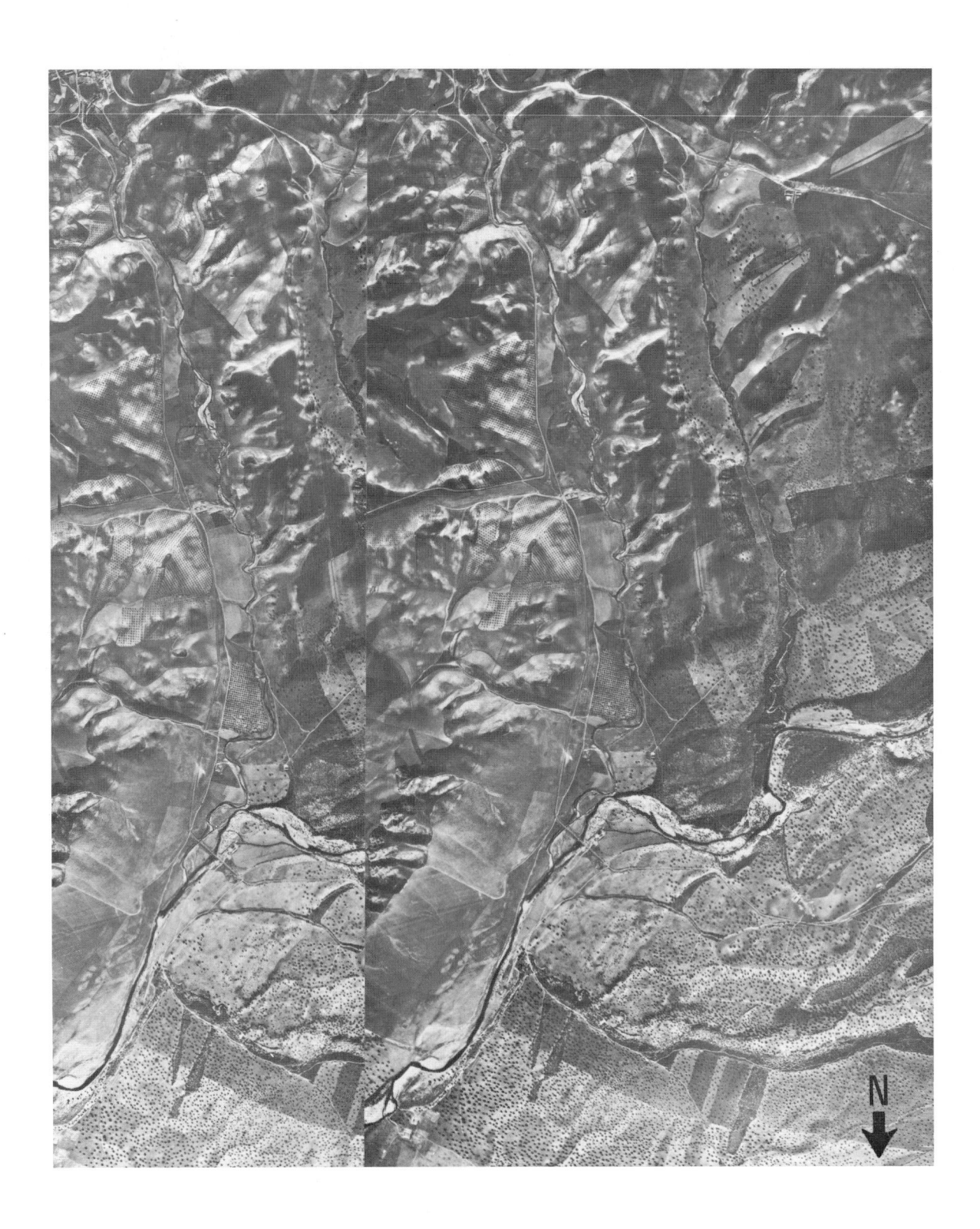

Photo 2 Luftbildstereo-Paar des Tales des Rio Pusa nördlich San Bartolomé de las Abiertas (Lokalität 18). An der Konfluenz von Rio Pusa und dem Arroyo de San Martin de Pusa sind die Schotterterrassen (uNT, oNT, uMT, oMT, uHT) erhalten. Am Ostufer des Rio Pusa auf der uMT ist eine sekundäre Hangschleppe aus verschwemmten miozänen Sanden der HT ausgebildet. Die hellen Flecken der vegetationsfreien miozänen Sedimente zeigen, daß der rezente Bodenabtrag stark ist.
Maßstab: ca. 1 : 30 000

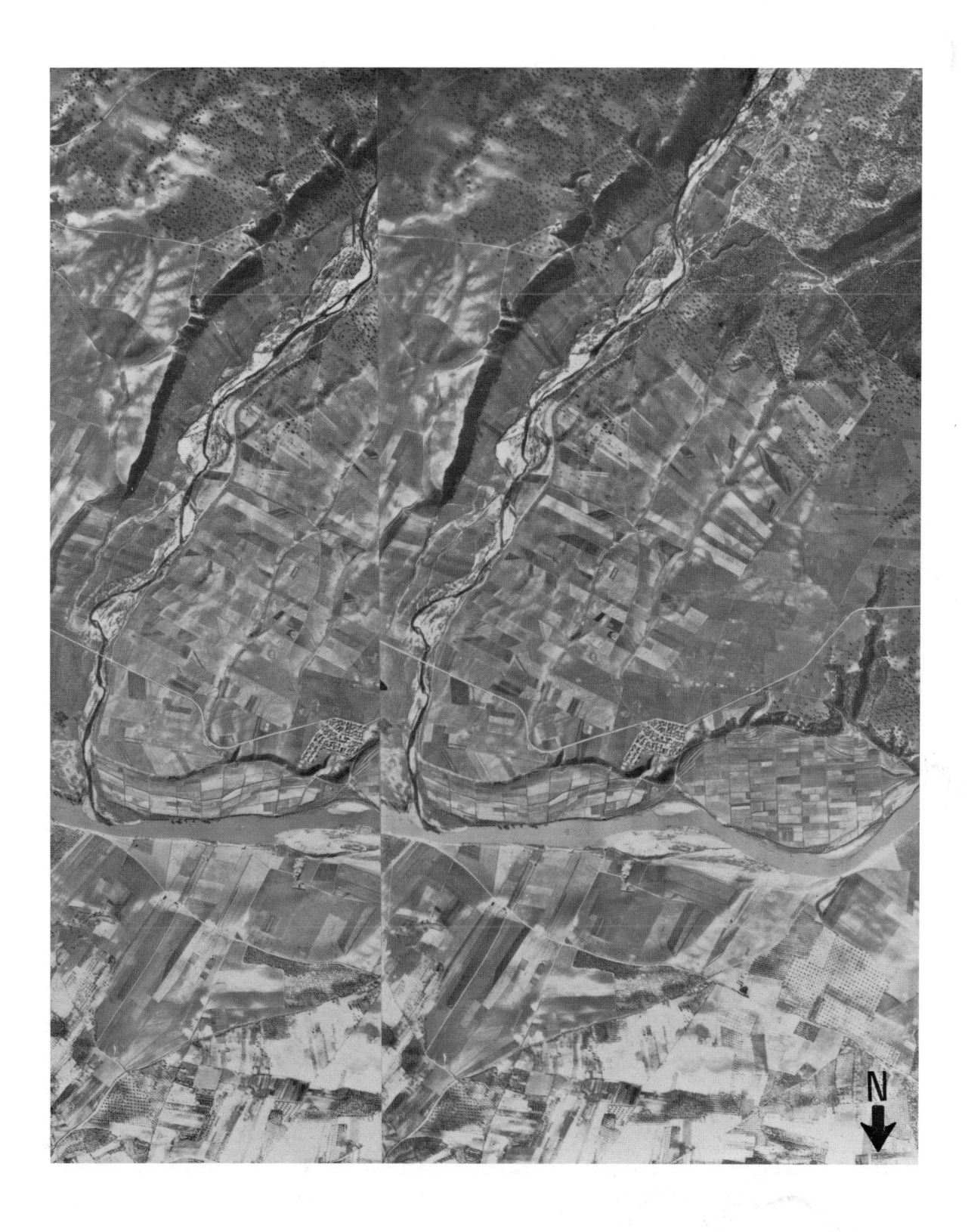

Photo 3 Luftbildstereo-Paar des Rio Pusa an der Einmündung in den Tajo (Lokalität 6). Bei Bernuill ist die Verzahnung der unteren und oberen Mittelterrassen von Tajo und Pusa zu erkennen. Die obere Niederterrasse des Rio Pusa streicht mit einer Gefällstufe über der Niederterrasse des Rio Tajo aus.
Maßstab: ca. 1 : 30 000

Photo 4 Luftbildstereo-Paar vom Tal des Rio Pusa westlich Santa Ana de Pusa (Lokalität 24). Im südlichen Teil hat sich der Rio Pusa in das Grundköckerrelief auf Granit eingeschnitten. Im Norden deuten die hellen Stellen auf miozäne Sedimente hin. Die Rañas im westlichen Teil bedecken sowohl die Tertiärsedimente wie die tiefgründig verwitterten Granite. Die Grenze verläuft westlich des Rio Pusa im Bereich der Straßenkreuzung (vgl. Photo 30).
Maßstab: ca. 1 : 30 000

Photo 5/6 In-situ-Verwitterung von gebankten Quarziten zu kantengerundeten Blöcken. Auf engem Raum sind frischer Fels und kantengerundete Blöcke aufgeschlossen. Die Gesteinsstruktur ist noch erkennbar. Photo 5: Übersicht, Photo 6: Detailaufnahme.
Lokalität 20 (HW 4395,3 / RW 331,7)   Blick: E

Photo 6

Photo 7   Reste der Übergangsterrassenschotter an den Riedeln der Mesas de la Raña südlich Guadalupe.
Lokalität 63 (HW 521,4/RW 458,6)   Blick: N

Photo 8 Kalkkrustenbildung auf der oberen Mittelterrasse am Rio Guadalupejo südlich Alia unter einer rezenten Braunerde, auf Ca-freiem Untergrund.
Lokalität 48 (HW 530,2/RW 473,4) Blick: E

Photo 9 Ausraumzone des Guadalupejo westlich und nordwestlich Castilblanco vor der Sierra de Altamira mit Resten der IF und MF, die Rañas de las dos Hermanas.
Lokalität 59 (HW 520,424/RW 475,640) Blick: NNE

Photo 10 Reste der oberen Mittelterrasse (oMT) in 40–50 m über dem Guadalupejo. Südlich des Guadiana, hier zum Embalse de Garcia de Sola aufgestaut, die Verwitterungsbasisfläche der Mio-Pliozänen Rumpffläche (MPR).
Lokalität 59 (HW 520,424/RW 475,640) Blick: SSE

Photo 11 Niederterrasse des Rio Silvadillo bei den Casas de Gargantillas. Terrassenschotter aus umgelagerten Raña-Fangern. Im Hintergrund der Anstieg zur Mittelterrasse.
Lokalität 40 (HW 532/RW 463,8) Blick: NW

Photo 12 Rañaflächen der Mesa del Pinar vor der Sierra de Altamira. Vor der Gebirgskette sind die Reste der MF-Fläche erhalten. Im Vordergrund der Rio Silvadillo mit der NT, oMT, HT und kleinen Resten der ÜT.
Lokalität 55 (HW 526,6/RW 462,8)
Blick: NNE

Photo 13 Grundhöckerflur (i. S. BÜDEL's) der Raña-Basis in präkambrischen Schiefern südöstlich Alia ca. 80–100 m unterhalb der Rañas de las dos Hermanas.
Lokalität 31 (HW 539,7/RW 471,4) Blick: SE

Photo 14 Arroyo de Valdefuentes. Im Mittellauf ist ein breites Sohlental zwischen den Rañariedeln 70–80 m eingetieft. Die älteren Terrassen sind aufgezehrt. Es sind nur noch Schotterbänder an den Unterscheidungskanten erhalten.
Lokalität 46 (HW 527,2/RW 461,7) Blick: N

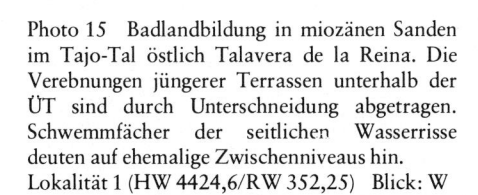

Photo 15 Badlandbildung in miozänen Sanden im Tajo-Tal östlich Talavera de la Reina. Die Verebnungen jüngerer Terrassen unterhalb der ÜT sind durch Unterschneidung abgetragen. Schwemmfächer der seitlichen Wasserrisse deuten auf ehemalige Zwischenniveaus hin.
Lokalität 1 (HW 4424,6/RW 352,25) Blick: W

Photo 16 Obere Niederterrassen-Akkumulation des Rio Tajo nordwestlich Malpica. 2 m mächtige Feinsedimentakkumulation, schluffiger Sand mit fossilem Tonanreicherungshorizont über „bunten" Schottern.
Lokalität 7 (HW 4418,8/RW 366,9)   Blick: SE

Photo 17 Hang über der unteren Mittelterrasse, nachträglich vom Oberhang überschüttet (Hangschleppeneffekt), vgl. Abb. 23.
Lokalität 4 (HW 4422,2/RW 358,6)   Blick: SE

Photo 18 Schotterdecke der unteren Mittelterrasse mit überlagernden Feinsedimenten, die durch „Hangschleppeneffekt" von Schottern höherer, älterer Terrassen überschüttet wurde. Profilbeschreibung siehe Abb. 23.
Lokalität 4 (HW 4422,2/RW 358,6)   Blick: SE

Photo 19 Quartäre Terrassen des Rio Sangrera. Unterhalb der Übergangsterrasse sind die obere Mittelterrasse, die untere Mittelterrasse und die Niederterrasse erhalten.
Lokalität 12 (HW 4412,4/RW 351,8) Blick: W

Photo 21 Terrassenschotter der oberen Hochterrasse östlich Talavera de la Reina. Braunerde im oberen Feinsediment. Durch deszendierendes Wasser Ca-Anreicherung in 0,8–2,0 m Tiefe über Ca-freien Schottern.
Lokalität 1 (HW 4423,7/RW 352) Blick: SW

Photo 20 Grundhöckerflur der miopliozänen Tiefenverwitterung bei Santa Ana de Pusa im Granit und Granodiorit. Der Pusa ist klammartig in die Fläche eingeschnitten (vgl. Photo 4).
Lokalität 22 (HW 4403,05/RW 352) Blick: N

Photo 22 Schotter der unteren Hochterrasse (uHT) über miozänen Sanden, stark Ca-verbacken.
Lokalität 8 (HW 4415,3/RW 366,85)
Blick: NW

Photo 23 Verzahnung der Terrassenakkumulation des Rio Tajo und des Rio Pusa in der unteren Hochterrasse westlich Malpica. Caverbackene Schotter des Tajo, von Schottern des Pusa überlagert.
Lokalität 5 (HW 4418,9/RW 362,5) Blick: SE

Photo 24 Raña-Aufschluß nördlich Castilblanco über miozänen Lehmen und Sanden. Profilbeschreibung siehe Abb. 33.
Lokalität 52 (HW 527,2/RW 477,9)   Blick: E

Photo 25 Straßeneinschnitt in die Rañas bei Belvis de la Jara. In der unteren Bildhälfte chaotische Lagerung der Fanger. Oberhalb der Feinmateriallinse wird eine fluviale Schichtung einzelner Abflußbahnen erkennbar.
Lokalität 19 (HW 4401,4/RW 331,6)   Blick: ESE

Photo 26 Tertiärzeitliche Verwitterung der Quarzite nordwestlich Valdecaballeros. Diese kantengerundeten Blöcke, hier in situ verwittert, sind als Relikte in eine tonige Matrix eingebettet.
Lokalität 58 (HW 522,6/RW 464,9)   Blick: E

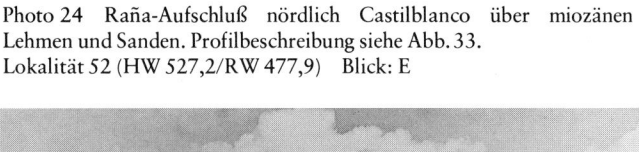

Photo 27 Probe: 77/5b, Vergr.: 40 × gekr. Nicols. Dichter Quarzit mit Pflastergefüge. Relikt einer Tertiär-Verwitterung. Die Probe wurde aus dem unverwitterten Kern eines Quarzitblocks in der Verwitterungsdecke entnommen.

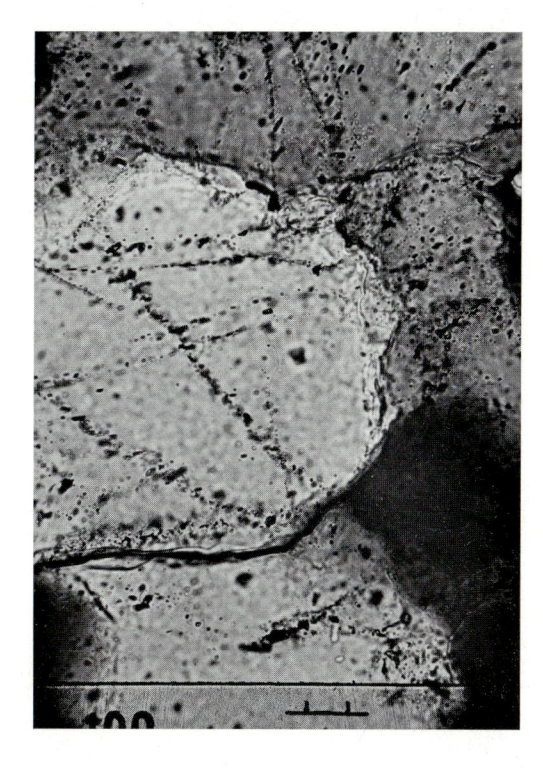

Photo 28 Probe: 77/5b, Vergr.: 400 × gekr. Nicols. Ausschnitt aus Photo 27. Unverwittertes Quarzkorn mit linear angeordneten Einschlüssen.

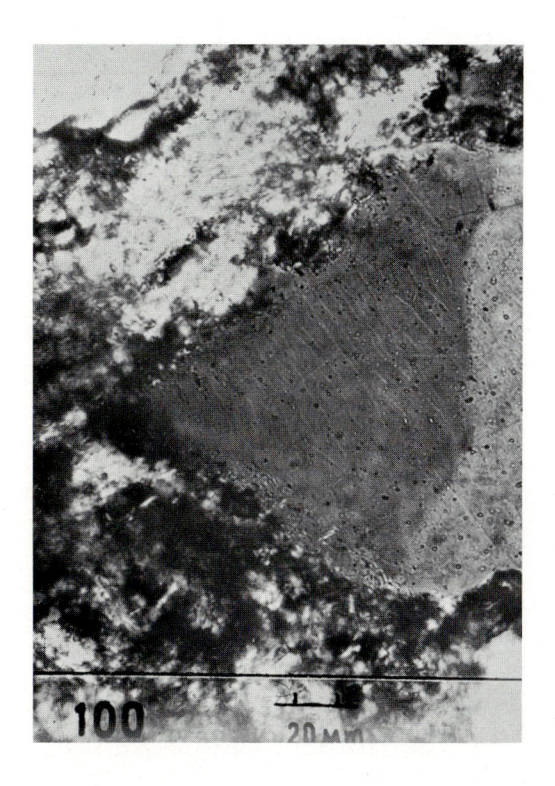

Photo 29 Probe: 77/5a, Vergr.: 400 × gekr. Nicols. Matrix, in der der Quarzit (77/5b) eingebettet war. Randlich angelöstes Quarzkorn mit Einschlüssen, die Leitbahnen der Verwitterung sind. In sie dringt Plasma (Kaolit, Illit) ein und trennt einzelne Partikel ab.

Photo 30 Raña-Basis am Fuß der Sierra del Castillazo westlich Espiniso del Rey. Die Fanger liegen auf einer Verwitterungsdecke. Die Gesteinsstruktur ist noch erkennbar.
Lokalität 28 (HW 4390,8/RW 344,5) Blick: E

Photo 31 Rezente Rutschung in miozänen Lehmen unter den Rañas nach dem niederschlagsreichen Winterhalbjahr im März 1977.
Lokalität 14 (HW 4410/RW 346,1)
Blick: NNW

Photo 32 Rinnenförmige Ablagerungsdiskordanzen der Rañas über miozänen Lehmen bzw. auf verwittertem Granit. Im Hintergrund die Raña-Basis-Fläche (RB) (gepunktete Linie), die durch „Rinnenspülung" (WICHE 1963: 465) entstanden ist.
Lokalität 21 (HW 4403,2/RW 350,4)
Blick: ENE